YINIAN YINGGAI YONGXIN QUZUO DE SHI

一年应该用心去做的事

邢群麟 编著

光明日报出版社

图书在版编目（CIP）数据

一年应该用心去做的事 / 邢群麟编著 . -- 北京：光明日报出版社，2012.1（2025.1 重印）

ISBN 978-7-5112-1872-8

Ⅰ.①一… Ⅱ.①邢… Ⅲ.①成功心理—通俗读物 Ⅳ.① B848.4-49

中国国家版本馆 CIP 数据核字 (2011) 第 225284 号

一年应该用心去做的事

YINIAN YINGGAI YONGXIN QU ZUO DE SHI

编　　著：邢群麟	
责任编辑：李　娟	责任校对：米　菲
封面设计：玥婷设计	封面印制：曹　净

出版发行：光明日报出版社
地　　址：北京市西城区永安路 106 号，100050
电　　话：010-63169890（咨询），010-63131930（邮购）
传　　真：010-63131930
网　　址：http://book.gmw.cn
E – mail：gmrbcbs@gmw.cn
法律顾问：北京市兰台律师事务所龚柳方律师

印　刷：三河市嵩川印刷有限公司
装　订：三河市嵩川印刷有限公司
本书如有破损、缺页、装订错误，请与本社联系调换，电话：010-63131930

开　本：170mm×240mm	
字　数：203 千字	印　张：15
版　次：2012 年 1 月第 1 版	印　次：2025 年 1 月第 4 次印刷
书　号：ISBN 978-7-5112-1872-8	
定　价：49.80 元	

版权所有　翻印必究

前　言

　　每个有志气的人都想着怎样才能拥有一个无悔的人生，怎样才能让自己的生活过得更加有意义，怎样在自己的生命历程里留下一点可供回忆的东西。对于很多人来说，这是一个关乎理想的人生大问题，一个在规划与遗憾中徘徊的问题。因为当我们意识到这个问题的时候，想到的总是：过去我都做了什么，而未来我还能做什么。于是，生命中便常常多了一份感叹：感叹时光的流逝、光阴的虚度；更多了一份迷惘：迷惘前路的难于掌控。其实，我们首先要思虑的是：现在，此时此刻。当下的每一天，我们可以做些什么，不是追求丰功伟绩，而是去实践每一件具体的事，具体到生活中的点点滴滴。

　　时间在一年一年地过去，人在一岁一岁地长大，慢慢变老。我们要如何去度过？是让每一天都成为崭新的一天，还是日复一日，让今天重复着昨天，让明天又重复着今天？我们要怎样做才能让这每一年、每一天成为我们无悔人生不可或缺的一部分？我们是不是该去思考，有哪些事可以让我们用心去做，用心去领会其中的快乐、充实与希望？

　　生活有笑也有泪，而幸福是一种感觉，一种由快乐元素组成的感觉。无论欢笑或是泪水，只要生活让我们觉得丰富、充实，有那么多实实在在的快乐因子在不停地点燃我们生活的激情，那就是幸福。

　　真的，快乐无处不在，只要我们有一双发现快乐的眼睛和一颗感受快乐的心灵，就能在本书中找到快乐人生的12个朋友。

　　快乐人生的第1个朋友——爱自己。快乐不是别人给的，而是自己感受到的，发现快乐、感受快乐是一种能力。怎样获得这种能力呢？首先就是要学会爱自己，善待自己，培养自己自信、乐观的生活态度，记住一句快乐箴言：我是快乐的，我是最棒的。

　　快乐人生的第2个朋友——微笑。人生有苦有甜，但只要你试着在沮丧、失败和烦恼的时候都不忘微笑，用你的微笑战胜恐惧，驱走烦恼，击垮你一切的消极情绪，不知不觉中你就会变得开朗起来。笑一笑，你能把快乐留住，烦恼也会变成收获。

　　快乐人生的第3个朋友——选择与放弃。所谓人的命运掌握在自己的手中，就在于选择与放弃的那一刹那。选择是明智者对于放弃的诠释，放弃是选择的跨越。选择正确的道路，永远比跑得快更重要。学会选择，懂得放弃，快乐与烦恼就在你的掌控之间。

快乐人生的第 4 个朋友——真诚。当你捧着真心去交朋友，不嫌弃别人，不抬高自己时，你就会发现，周围多了许多真心的朋友。因为，只有真诚才能换来真正的友谊。当你全心全意去帮助一个人，不图利益，不图回报时，你才会发现，帮助人是一件多么快乐的事。因为，在帮助别人的过程中，也充分体现了你的人生价值。

快乐人生的第 5 个朋友——美德。生命短促，唯有美德能将它流传到遥远的后世，遵循美德行事，纵使没有增加快乐，也可减轻焦虑。当生活中没有了烦恼焦躁，快乐自然就会破土而出。

快乐人生的第 6 个朋友——好心态。既然幸福是一种感觉，那么，一个人快乐不快乐，跟其他外在的东西关系并不大，主要是看你的心态怎么样。积极、乐观、健康的好心态就能成就快乐人生。

快乐人生的第 7 个朋友——付出。收获无疑是一种快乐，没有付出，便没有收获。然而，付出不仅仅是为了与品尝收获之快乐的一种交换，付出的过程，细细体味，也是一种快乐。

快乐人生的第 8 个朋友——求实与创新。脚踏实地追求人生的每一段进步，会让人不断收获成功的喜悦，而创新，又会为你的人生带来别样的精彩。求实与创新，让你的人生绚烂而不浮夸。

快乐人生的第 9 个朋友——放松心情。让自己的情绪保持一种兴高采烈的状态，乐观地抓住生活中的每一次快乐，每天都会有一个好心情。

快乐人生的第 10 个朋友——放开怀抱。生活中充满了酸甜苦辣，当我们无法享受别人带给我们的快乐时，要学会调整心态，在逆境中寻找希望，放开怀抱，拥抱生活，快乐就会源源不断。

快乐人生的第 11 个朋友——勇敢追求。人生难免多崎岖，现实也会在我们前进的道路上设置诸多障碍，不要让灰心失望蒙蔽了我们发现快乐的眼睛，挑战自我，勇敢追求，追求属于我们自己的快乐。

快乐人生的第 12 个朋友——处世智慧。社会往往是很复杂的，要为自己、为别人带来快乐，就要点亮心中智慧的灯，找到属于你的处世哲学。

快乐人生的这 12 个朋友，你找到了吗？睁开你智慧的眼睛，其实它们就在你身边。一年 365 天，每一天都为自己寻找一种快乐、一种希望，快乐便时时与你相伴。

目 录

第一卷　春之感——花样的年华 1

1月　认真爱自己，让爱在心中燃烧 2
早上起床，对自己说一句："从我做起，做得更好！" 3
选择一个最适合自己的装扮出门 4
做一件一直想做但缺乏勇气去做的事 4
拿出三面"镜子"，照出自身的弱点 5
找个机会认认真真地审视一次自己 6
破费一次，为自己买一件喜欢的礼物 7
送自己一束鲜花，送自己一份好心情 8
享受一次，做个全身按摩 9
去户外远足，呼吸一下新鲜空气 9
背着行囊，到最想去的城市单独旅行 10
问候一下正在痛苦中的朋友 11
给母亲一个问候 12
向月儿许个美丽的心愿 13
给父母捶捶背 14
读一本好书 15
对所爱的人深情地说一句："我爱你！" 16
今天不用减肥，吃一顿大餐 17
召开一次家庭会议 18

2月　笑对人生，感悟成功 19
今天，对所有的人微笑 20
用心去感受身边的幸福 21
费力不讨好，笑笑就算了 22
满怀激情地做一件事 23
警告自己，别让信念动摇 24
装饰卧室 25

养一盆绿色植物 …………………………………… 26
对挫折一笑了之 …………………………………… 27
把烦恼写在沙滩上 ………………………………… 27
放松心态去做一件事，不苛求结果的成败 ……… 29
列举自己做过的错事 ……………………………… 30
不和无理取闹的人争吵 …………………………… 31
没有终点地坐车旅行 ……………………………… 32
把昨晚梦境中的情境真实地演绎一遍 …………… 33
主动与新邻居聊天 ………………………………… 34
穿时尚的衣服出去逛街 …………………………… 35
以自己为主角写一篇童话 ………………………… 35

3月　学会选择，懂得放弃 …………… 37

仔细想想现在所处的这个环境，是否适合你的发展 …… 38
动手去做一件自己最拿手的事 …………………… 39
勇敢面对被自己逃避的难题，再用心去解决 …… 39
保持一整天的愉悦，用快乐的眼睛看每一件事物 …… 40
不要争强好胜，退一步海阔天空 ………………… 40
是你错了，别怕丢面子，说声抱歉吧 …………… 41
清理一下思想，丢掉那些包袱 …………………… 42
把那些痛苦的往事抛到脑后 ……………………… 42
放下一些太沉重的包袱 …………………………… 43
学会转弯 …………………………………………… 44
接受生活中的一些残缺，放弃完美 ……………… 44
为自己的选择作一个长远规划 …………………… 45
做一套测试选择题，测测自己当机立断的能力 …… 46
分析昨天做题的结果，看看自己在答案取舍时是否认真权衡 …… 47
想想自己最近的选择是否只贪图眼前利益 ……… 48
陪最亲的人度过美好的一天 ……………………… 48
去花店选一盆自己喜爱的花回来养 ……………… 49
放下爱得太辛苦的人 ……………………………… 50
放弃追逐不到的梦想 ……………………………… 51
放下所有的工作和其他事宜，找个地方清闲一下 …… 51

目 录

放下你不该忙的事 …………………………………… 52
买一件你从来不会选的颜色的衣服 …………………… 53

第二卷 夏之悟——拼搏的岁月 …………… 55

4月 诚信处世，大得大赢，营造友善天空 ………… 56
跟朋友说说最近的烦恼 ………………………………… 57
跟朋友探讨怎样克服自身的弱点 ……………………… 58
按时赴约，做个守时的人 ……………………………… 58
想想近期自己的所作所为，做做自我检讨 …………… 59
收回想说的伤害别人的话 ……………………………… 60
把新认识的朋友介绍给老友 …………………………… 61
送一件珍藏多年的礼物给你最好的朋友 ……………… 61
和朋友约定，今天必须做好某件事 …………………… 62
不给自己任何借口，把拖了很久的一件事做好 ……… 63
翻出电话本，给久未联系的朋友打个电话 …………… 64
想办法与儿时的好友取得联系 ………………………… 65
主动与陌生人攀谈 ……………………………………… 66
留意你不喜欢的人的优点 ……………………………… 66
站在与你敌对的人的立场上想一想 …………………… 67
想想身边哪些人被我们忽略了 ………………………… 68
委婉地指出朋友的缺点 ………………………………… 69
微笑着表达你的善意 …………………………………… 70
和亲密爱人交换日记 …………………………………… 70
和某人共同回忆过去的某个日子 ……………………… 71
和好友交换衣服穿 ……………………………………… 72

5月 留住美德，学会宽容 ………………………… 73
成全别人的快乐和幸福 ………………………………… 74
搀扶老人过马路 ………………………………………… 74
宽容某人的过错 ………………………………………… 75

培养节约的好习惯 …………………………………… 76
把旧衣物整理好捐出去 ………………………………… 77
为小区做清洁工作 …………………………………… 78
严格分类扔垃圾 ……………………………………… 78
赞美某一个人 ………………………………………… 79
参加志愿者行动 ……………………………………… 80
看望贫困山区的孩子 ………………………………… 81
为集体争荣誉 ………………………………………… 82
做一件大公无私的事 ………………………………… 83
向领导毛遂自荐 ……………………………………… 83
培养孩子的美德 ……………………………………… 84
带父母去旅游 ………………………………………… 85
带着鲜花去看望恩师 ………………………………… 86
认真欣赏身边的某个人 ……………………………… 87
认真看一期新闻节目 ………………………………… 88
认真完成自己对他人的承诺 ………………………… 89
纠正自己犯的错 ……………………………………… 89

6月　黄金心态，正面思维 ………………… 91

耐着性子做完一件你感到厌烦的事 ………………… 92
把工作任务当作休闲娱乐一样轻松地完成 ………… 93
寻找日常生活中的乐趣 ……………………………… 93
停止怨天尤人，给自己一个自信的微笑 …………… 94
去操场练跑步，坚持跑到自己事先设定的终点 …… 95
早起去山顶看看日出 ………………………………… 96
找个没人的空间大声给自己唱首歌 ………………… 97
一个人爬到山顶大声说出心中的郁闷 ……………… 98
去健身房，把自己累得筋疲力尽 …………………… 98
安静地听听音乐，完全陶醉在音乐的海洋里 ……… 100
给心情放一个假 ……………………………………… 101
睡个懒觉 ……………………………………………… 102
练习一下深呼吸 ……………………………………… 103
去现场看一场体育比赛 ……………………………… 103

目 录

计划一次冒险活动 …………………………… 105
去咖啡馆坐坐 ………………………………… 106
像个孩子一样地捉萤火虫 …………………… 107
参加一场辩论赛 ……………………………… 108
练习瑜伽 ……………………………………… 109
打一次水仗 …………………………………… 110
一整天待在家里 ……………………………… 111
在黑暗中跳舞 ………………………………… 112

第三卷 秋之果——收获的季节 …………… 113

7月 懂得付出，珍惜拥有 …………………… 114

参加一次义务劳动 …………………………… 115
参加一次募捐活动 …………………………… 116
为全家人做一顿可口的饭菜 ………………… 117
为不敢实践的梦想勇敢地跨出第一步 ……… 117
去敬老院当一次义工 ………………………… 118
亲手为所爱的人做一件礼物 ………………… 119
把一些看似无用的东西整理一下收藏好 …… 120
培养业余爱好，认真练习 …………………… 120
帮爱自己的人完成一个心愿 ………………… 121
认真回忆过去，仔细想想学到了什么 ……… 122
仔细想想现在拥有的美好 …………………… 122
故地重游，寻找逝去的美好 ………………… 123
邀老朋友一起吃顿饭 ………………………… 124
全力照顾生病的爱人或是朋友 ……………… 125
把今天用过的每样东西都归位 ……………… 126
去自己最向往的大学听一堂课 ……………… 127
用心关注身边的亲人 ………………………… 128
给最近帮助过自己的人送去感谢的问候 …… 129

8月 脚踏实地，激情创意 …… 130

- 让孩子自己动手做一件力所能及的事 …… 131
- 遵守交通规则，规规矩矩过马路 …… 131
- 看一本伟人传记的书 …… 132
- 看一本励志类的书 …… 133
- 找一个儿童玩具拆了重新装上 …… 134
- 自己修理家具 …… 135
- 登一次山，坚持爬到山顶 …… 135
- 给某样东西或衣服改改装 …… 136
- 把陷入"死胡同"的问题反过来想一下 …… 137
- 去理发店整一个新发型 …… 138
- 打扮成不同以往的样子参加一个聚会 …… 139
- 找一个问题多问几个为什么 …… 139
- 想一个常人都认为不可能的事 …… 140
- 试着推翻一个约定俗成的事物 …… 141
- 改变某种习惯做一件事 …… 142
- 试着和大多数人唱一唱反调 …… 142
- 忘记经验，仔细完成已经很熟练的工作任务 …… 143
- 自己动手制作一个简易玩具模型 …… 144
- 做一件你一直认为不可能成功的事 …… 145
- 想象见到外星人的情形 …… 146
- 自己动手做一些特色点心 …… 147

9月 撒播快乐种子，收获快乐果实 …… 148

- 看一场现场演唱会 …… 149
- 尽情 K 歌 …… 149
- 看一本笑话书 …… 150
- 找一部喜剧电影和朋友一起看 …… 151
- 去郊外野餐 …… 152
- 去公园划船 …… 153
- 和朋友一起去露营 …… 154
- 给自己的老师们寄一张贺卡 …… 155

目录

以感恩的心对待一切 …………………………… 156
和小孩子一起玩耍 ……………………………… 157
参加一个派对 …………………………………… 158
介绍你的朋友们互相认识 ……………………… 159
拍一组风景照，整理好，作为自己的艺术珍藏 … 160
在网上为自己订购一件礼物 …………………… 161
寻找秋的气息 …………………………………… 162
看夕阳西下 ……………………………………… 163
去田园采摘 ……………………………………… 164
放风筝 …………………………………………… 165
给小动物拍一张照 ……………………………… 167
看一场烟火表演 ………………………………… 168

第四卷 冬之恋——奉献与安详的生命 ………… 169

10月 张开怀抱，拥抱生活 …………………… 170

与人分享你的快乐 ……………………………… 171
不停地给自己积极的心理暗示 ………………… 171
给自己泼一瓢冷水，浇灭自负的火花 ………… 172
放开自己对某事顽固的看法 …………………… 173
不依赖任何人的帮助，独自完成一件事 ……… 174
给心灵洗一个澡 ………………………………… 175
正面应对一直逃避的一件事 …………………… 176
帮曾经伤害过你的人一个忙 …………………… 177
享受孤独的自由 ………………………………… 178
到大自然中去感受万物生灵 …………………… 179
清晨采集露珠 …………………………………… 180
独自去散步 ……………………………………… 181
睡前喝一杯浓浓的牛奶 ………………………… 182
煲一锅营养又美容的汤 ………………………… 183
清洗所有的脏衣物 ……………………………… 184

到一个舒适的地方晒太阳 ………………………… 185
收集漂亮的树叶做书签 …………………………… 186
资助一名贫困学生 ………………………………… 187
到户外呼吸新鲜空气 ……………………………… 188

11月 挑战自我，勇敢追求 ……………………… 189

一个人走夜路 ……………………………………… 190
大胆对暗恋的人表白 ……………………………… 191
主动约会喜欢的人 ………………………………… 191
不要压抑你对某人的不满 ………………………… 192
尝试新的工作 ……………………………………… 193
开始创业计划 ……………………………………… 194
学会投资理财 ……………………………………… 195
写份创业计划书 …………………………………… 196
一整天不开小差，全心工作 ……………………… 198
和朋友一起分析你的弱点 ………………………… 199
向你曾经对不起的那个人道歉 …………………… 200
在某个大会上积极发言 …………………………… 201
做一件大家都不赞同的事 ………………………… 202
去拜访自己崇拜的人 ……………………………… 203
大胆地去相一次亲 ………………………………… 204
与虚拟世界里的陌生人聊天 ……………………… 205
尝试着说服别人做某件事 ………………………… 206
做一份兼职 ………………………………………… 207
去自己梦寐以求的工作单位应聘 ………………… 208
参加中奖活动 ……………………………………… 209

12月 点亮智慧，磨炼自身 ……………………… 210

做一份本月的计划书 ……………………………… 211
用幽默来自我解嘲 ………………………………… 212
放弃自以为是，虚心接纳别人的观点 …………… 212
把别人扔过来的"球"踢回去 …………………… 213

目 录

用智慧赢得尊严 …………………………………… 214
婉转曲折地表达你的意见 …………………………… 214
从自己身上找找做人失败的原因 …………………… 215
从今天开始每天存一元钱 …………………………… 216
反复地练习某项技能 ………………………………… 217
为自己起草一份行为准则 …………………………… 218
把一直有疑惑的问题弄清楚 ………………………… 219
把自己当傻瓜，不懂就问 …………………………… 220
向不如自己的人学习 ………………………………… 220
检查一下月计划书的完成情况 ……………………… 221
在日记里写下这一年的收获 ………………………… 222

第一卷

春 之 感

——花样的年华

携一缕阳光,照耀脸上的灿烂;
捧一缕清风,拂去心间的浮尘;
采一朵白云,飘逸梦中的幻想;
邀一颗星儿,闪烁永远的浪漫;
折一枝绿叶,编织年轻的生命;
摘一把鲜花,嗅出人生的味道。

1月

认真爱自己，让爱在心中燃烧

一个人要想学会爱别人，爱生活，爱这个世界，首先必须要懂得爱自己。爱自己不是无所顾忌地纵容自己，放任自己，而是懂得怎样爱惜自己，怎样完善自己，让自己做一个优秀的人、快乐的人。

当爱在心中燃烧，我们就会懂得怎样去爱自己，爱别人，爱生活，热爱生命中的一切事物。爱是一种感受，即使痛苦也觉得幸福；爱是一种体会，即使心碎也觉得甜蜜；爱是一种经历，即使艰难也觉得美丽。

1月　认真爱自己，让爱在心中燃烧

早上起床，对自己说一句："从我做起，做得更好！"

> 一个人若要改变这个世界，改变你所处的环境，必须从改变自己开始；一个人若要取得一件事情的胜利，战胜眼前的困难，必须战胜自己。人最大的敌人就是自己，人最大的胜利便是战胜自己。

年轻时候的我们总是满怀抱负，希望能有一片舞台、一方天地大展身手，能在这个世界的某些角落留下我们成功的印记，于是我们年轻的目光开始不停地搜索。

小时候，我们可能想当科学家，探究宇宙的奥妙，发明时光穿梭机；长大了，我们可能想为社会创造更多的财富，为国家争取更多的荣誉，为家人带来更多的幸福……

什么时候我们才能够顿悟？不如，就从现在开始，从今天开始，我们认真做好身边的每一件事，尽量把我们的本职工作做得更出色，尽量让自己变得更宽容平和，尽量让自己的身体变得更健康，尽量让自己每天变得更快乐，尽量让自己变得更有自信，对明天充满更多的希望……

一年中的第一天，新的开始孕育着新的希望，早上起床，别忘了对自己说一句："从我做起，做得更好！"

选择一个最适合自己的装扮出门

> 每个人都有异于其他人的独特之处，都有自己的闪光点，因为你就是你，而不是其他任何人。如果，我们想拥有自己独立的人格和完整的人生，那就做你自己吧，切忌好高骛远，胡乱模仿。

东施效颦的故事流传了千百年，如今还在被人津津乐道。我想东施的失败和可笑之处，我们每一个现代人都了然于心。回过头想一想，或许，东施乐善好施，能歌善舞，只是，她忘了，人们也就自然地忘了。她其实也是个不错的姑娘，却因为想做别人而成了流传千百年的笑料，何苦来？

我们在笑话东施姑娘的时候，是否仔细检验过自己平时的一言一行，是否也在模仿着我们身边的某些人。昨天小丽穿了一件漂亮的毛衣，大家都赞叹不已，你是不是也想拥有同样的一件。前几天朋友们聚在一起都说今年流行红色大衣，好多人都穿，可有气质了！其实你并不喜欢红色，但你想得到大家艳羡的目光，于是你会……

其实，做你自己就好，你喜欢什么样的装扮，就把自己打扮成什么样子。自己开心，大家也会欣赏你的真实，关键在于要选择适合你的装扮。因为适合而美丽，因为适合而独特，因为适合而有气质，相信自己的眼光吧！

怎么样，今天就弄一个你自认为最适合自己的装扮出门吧，你一定会觉得今天的脚步格外的轻快，心情格外的轻松。

做一件一直想做但缺乏勇气去做的事

> 世上所有困难最大的敌人是人的自信，自信让人产生强烈的成功欲望，并因此加倍努力去争取。因为自信，我们会觉得浑身充满了力量；因为自信，我们会藐视一切暂时的艰难险阻；因为自信，我们的生活会更幸福；因为自信，我们的生命会更精彩。

1月　认真爱自己，让爱在心中燃烧

自信的力量不容忽视，自信是成功的必要条件。然而，自信说起来容易，做起来难。我们不能让自信仅仅停留在想象，还要让自己成为自信的实践者。要成为自信者，就要像自信者一样去行动。也许很多时候，我们总是迟迟不敢去行动，不敢踏出那战胜困难、战胜自己的第一步，而就让这些事一直拖着，让它们一直搁浅在我们的生命历程里停滞不前。

其实这就是一种逃避，一种对困难和现实的逃避，可是逃避不能解决任何问题，如果我们始终不去面对，那么这些困难就始终存在着，问题始终得不到解决，压在我们心里，甚至让我们感觉到不能呼吸了。

那么，就让我们从今天开始，拿出十二分的勇气来，切切实实地面对那些困难。把那些在心里默默下了很多次决心而又未果的事摆到桌面上来，不再给自己任何逃遁的机会和余地。

认真地部署计划，对自己说一句："我能行！"然后迈开行动的第一步，相信自己，有了第一步，就会有第二步，接下来就要迎接成功的曙光了。

拿出三面"镜子"，照出自身的弱点

> 世上万物，都有自己的长处和短处。然而，生活中导致失败的原因，往往是当事者没有自知之明。惨痛的教训和沉重的代价，就是这样造成的。所以才有古训："人贵有自知之明。"

有这样一个笑话：一天，蚂蚁看见一头大象走来，就悄悄地伸出一条腿。旁边的小动物不明白了，问它干什么。蚂蚁说："嘘——小声点！我要绊大象一个跟头！"

这个笑话就是告诫我们要有自知之明。做人不可强出头，不可妄自尊大，不可过高地估计自己的能力和力量，去做你根本吃不消、根本就不会的事情。因为这样做最终受到惩罚的将会是你自己。

要做到有自知之明，就需要我们常常进行自我批评，充分认识到自身的弱点。这样我们才能做到量力而行，并且在以后的学习中不断加强自身修养，克服自身弱点。

今天会是一个让你冷静思考的日子，那么，拿出三面"镜子"，认真照照，照出自身的弱点吧！

一面"镜子"照自身。人照镜，能从镜中领悟自身，动物照镜，则视镜中为异己，这是人与动物的根本区别之一。因为，人有自我意识，可以意识到自己的行为、思想、感情、愿望和利益。

一面"镜子"照他人。英国作家切斯特顿曾说过："你心里没有一面镜子，所以看不到旁人的观点。"孤芳自赏，难免陷入狭隘，甚至迷惘。认识他人，才能更好地认识自我。听取别人的观点，从善如流，弥补自身的局限。孔老夫子曰："三人行，必有我师。"这是用好照他人之镜的最好典范。

一面"镜子"照社会。人是社会的产物，人与社会互动。社会的需要、社会的发展决定人的思想行为，人的能动作用推动社会进步，不存在离开社会的自我。从这个意义上说，不理解社会，就永远不能真正了解自我；认识社会越深刻，把握自我才越准确。

人生是一个过程，难还是易，平淡还是辉煌，取决于人生的选择、追求和创造，而这一切的前提，是要有自知之明。

知己者明，知人者智，知世者通。三面"镜子"缺一不可，照己、照人、照社会，有机结合才能准确给自己定位，确立人生的坐标。那么，今天早上起床，洗把脸，清醒一下，然后拿出这三面"镜子"，认认真真地从镜中寻找自身的弱点吧！

找个机会认认真真地审视一次自己

> 世界上有一个人，离你最近也最远；世界上有一个人，与你最亲也最疏；世界上有一个人，你常常想起，也最容易忘记，而这个人就是你自己！

在这个纷繁忙碌的世界，每个人似乎都是行色匆匆，不曾停留片刻，静下心来寻找一下自己的影子。当我们拖着疲倦的身子，迈着沉重的步伐，走在回家的路上，仿佛迷失了什么。扪心自问，我们在追寻着什么，我们又得到了什么，而自己又处在茫茫宇宙中的哪一个位置？

是的，忙碌和疲惫已经几乎让我们迷失了自己，忘了自我的存在。朋友，如果你真的累了，倦了，就停下来，回头看看自己的影子，认认真真地审视一次自己吧！

问问自己，喜欢现在的生活方式吗？最想做的事情是什么？对什么职业最感兴趣？最近是不是有什么想学的东西？什么才是你最大的业余爱好？累了的时候最想以怎样的方式休息？孤单的时候会想起谁……

认认真真回答这些问题的过程，就是一个审视自己的过程，一次关心自己内心的过程。给自己这样一个机会，你会更懂得爱自己。

破费一次，为自己买一件喜欢的礼物

> 有些时候，我们很想拥有某样东西，但因为其昂贵的价格或是其他原因，不得不忍痛抛却念头，而留下遗憾。其实，偶尔我们也可以破费一次，喜欢它就买下来吧！

不是因为我们贪欲太多，而是很多时候我们真的会一眼相中某样东西，而且越看越喜爱，但因为囊中羞涩，只能把内心的占有欲望掐灭。久而久之，似乎成了一种习惯。也许，有时候这会让人觉得生活无趣和压抑，甚至有些无奈。

人不能总是压抑地活着，有时候也需要一些冲动，如果你真的很喜欢这样东西，很想拥有它，为什么不破费一次？就当是为自己买一个高兴，买一份好心情，还有什么比这更重要的吗？

女性朋友可能看中的是一件衣服，或是一条丝巾，想象自己穿戴后美丽的样子，更是欲罢不能。男性朋友可能看中的是一款相机，或是一条领带，想象自己拥有后的惬意，也是欲走还休。看看自己，压抑得多痛苦啊！其实生活正是因为有了这些满足和愉悦而幸福，而充实。还犹豫什么呢？既然很久都没有放纵过自己了，今天何不对自己好一点。偶尔奢侈一次又有什么关系。明天，你只会因为今天的这份"奢侈"而更加珍惜。其实你买的是一份快乐，是一剂放松自我的良药。

送自己一束鲜花，送自己一份好心情

> 鲜花，代表美丽，代表芳香，代表祝福，代表快乐和幸福。自己的心情自己来掌管，不要等别人来送，自己也可以送给自己一份好心情。

你有多久不曾为自己的生活抹上一些亮色了呢？每天急匆匆地走，急匆匆地来，被很多世俗的东西缠绕着，让我们忘记了这个世界还有很多值得留意的美丽。原本很容易被周围的人或事打动的我们，不知从什么时候开始变得非常麻木起来。

自己送自己一束鲜花吧，不是所有的美与感动都能由别人带给自己，自己也可以为自己寻找。送束鲜花给自己，为自己的生活增添点芬芳，增添点温馨，增添点向往，何乐而不为呢？

送给自己的鲜花，不必去讲求太多，你可以随意去天桥卖花人那里凭自己的喜好挑选。天桥卖的花也许不像花店买来的那样经过修剪，完全是花市批发出来到原始样子。其实这样更好，这一捧一捧随意裹着的鲜花，如同自己乱乱的心情，如同身边一辆辆川流不息的车，似有似无碾过思绪。

回家后，自己将花一枝一枝精心修剪，再一枝一枝地插满一个花瓶，享受这过程中的美丽和快乐吧！

枝枝满天星，纯洁的百合，清雅的马蹄莲，温馨的康乃馨，插在曾布满尘埃的花瓶里，大自然生命的美丽向自己昭示：今天一定有个好心情！

1月　认真爱自己，让爱在心中燃烧

享受一次，做个全身按摩

> 生活是种磨难，因为我们在不停地奋斗，克服重重困难，不容半点松懈。生活的节奏和味道需要我们自己去调剂，享受生活才是人生的最高境界。

累了一天，整个身体都变得沉沉的，很想让全身解放一下吧。听说全身按摩很舒服，就是觉得太奢侈，好像是有钱人才能享受的"贵族待遇"，所以，上班族们总是望而却步，累了倒在床上蒙着头睡个大觉就觉得是幸福中的幸福了。

别总是虐待自己的身体，偶尔去享受一次也不为过。让劳累的身体享受享受这优厚的待遇，就当是对自己长久以来辛勤工作的一种犒劳吧！

闭上眼睛，什么都不去想，不但让身体得到放松，让大脑也暂时小憩一下，让整个身心都舒坦下来。按摩师会带你进入另外一个世界，感觉就像在云中漂浮，身体一下子变轻了，这才知道什么叫作享受啊！

不用考虑太多了，去吧！对自己好一点，享受也是为了明天能以更加充沛的精力工作。当你精神饱满、满心愉悦地迎接新的一天的工作和生活时，你才会明白生活真的是需要不停地调剂的，劳逸结合的人才是真正会工作的人。

去户外远足，呼吸一下新鲜空气

> 除非你一直过着田园生活，否则你一定知道能呼吸一口清新的空气是一件多么幸福而又难得的事情。找个机会去户外呼吸一下新鲜空气，你一定会立刻神清气爽。

今天是难得的假日，就别让自己窝在家里不动了，你不是经常觉得胸闷头晕吗？成天面对着嘈杂纷乱的车水马龙，过街闹市的人声鼎沸的确让人生出几分烦躁。听说郊区的风光不错,关键是空气清新,今天就走出家门,走得远点,躲过这些喧嚣混浊,让我们的神经轻松一下,舒缓一下吧。

出门之前,先简单计划一下,并做好一些准备工作。很多人都有很多新奇的想法,有人玩爬山,有人玩越野,有人玩攀岩,有人玩速降,更有人想要挑战沙漠,想要在波涛汹涌的大河大江里随流而下……虽然,一般的远足并不像这些玩法一样需要特别的技巧,但如果有适当的训练和准备将有助于我们应付大自然多端的变化,以及减少意外事故发生的机会。

首先,和谁一起去,找人同行还是一人独往。如果要去比较偏远而且地势崎岖艰险的地方,最好还是约人一起同行比较安全。如果你真的很想独自享受清静,那最好别走太远太偏。其次,远足前一晚必须充分休息,出发前吃一顿丰富而有营养的饱餐,以便有充足的体力持久步行,减少意外受伤。最后,因为户外运动的特殊性,还需要准备一些适合户外运动的装备,以便更好地保护自己。穿着适合远足用的衣服和鞋袜,有可能的情况下,携带登山手杖。其他的,还有地图、指南针、水、食物、手机、急救药箱等,视情况所需备带。

准备出发了,就要放松心态,放下生活中的一切烦恼和负累,以开阔宽广的胸怀来拥抱大自然,感受大自然,呼吸大自然的清新气息。

背着行囊,到最想去的城市单独旅行

> 不是孤独的雁,也不是单飞的鸟,如果你想用自己的脚走出自己的路,心中又有一直向往的城市,不如背着行囊,独自做一次孤傲的旅行。

你有没有发现,大多数人都选择与其他人一起旅行。也许很多时候你都想一个人没有任何约束和牵涉地自由自在地旅行一次,但总是由于顾虑太多而作罢,也许是害怕孤独落寞或是不够安全。其实,如果你真的渴望轻松和自由,独自旅行虽然是孤单,但绝不会孤独,还会有一种你从未领略过的闲适和悠然自得。

每个人心目中都会有一个或几个想去的城市,选择一个,不用考虑太

1月 认真爱自己，让爱在心中燃烧

多，就当是给心情放个假。简单收拾一下行囊，不用带太多的东西，一个人出发，一切从简。不过最好还是带上手机，即使非常不愿意被别人打扰，因为无论如何，安全还是第一位的。

独自的旅程里，留一份自己给自己的骄傲，磨砺那站在高处的自我，保留着最深处的自信。不管是山间小路的尽头，还是铁轨延伸的远处，天涯海角的茫茫一线间，眼前的这条独自一人的路上，你期待风也期待雨，期待一切障碍和险阻，但这并不一定真的会发生。也许一路都是平平安安，顺顺利利，其实我们并不是为了见证多么绮丽的风光或是盛传的繁华，只是为了找个呼吸的缝隙，觅一份内心的坦然。

单独旅行吧，即使沉甸甸的心里开始有了一种无法名状的悲情，但在渐行渐远间就会把一切疏离，只为了归来时那依然温暖灿烂的笑容。相信这一定是个不错的历程，会让你收获很多，别想太多了，出发吧！

问候一下正在痛苦中的朋友

真正的朋友不会只是共享快乐，还要共患难。虽然，朋友的痛苦你也许无法去帮忙承担，但至少，一句问候你还是可以送到的，其间传递的温暖和安慰也许是你自己都无法想象的。

朋友正在痛苦中，一时间你可能找不到合适的言语和行动来安慰他，可是千万别懊恼地走开，因为一个人在痛苦的时候有多么的脆弱，是任何人都无法想象的。这个时候，需要我们的力量来支撑。

其实，并不需要你做什么具体的事，因为也许你做什么都是无济于事的，事情已经发生，就让它在时间的流逝中淡化，也许这是最好的办法。但作为好朋友，我们不能抱着这种想法听之任之，什么也不管，静静地等着时间的流逝。

如果你不在朋友身边，打个电话跟他（她）说一句："我在想你呢，希望你快点好起来。"安慰一个人，不能简单地说，一切都会好起来的，或者一切都会过去的。虽然这是事实，但会让人觉得你看轻他（她）的痛苦，

一年应该用心去做的事

倒不如说:"我知道你很难过,如果是我,也很难扛过去。"

这表达了你的重视和理解。也不要轻易说,你一向都是那么坚强,这会使对方为了不使你失望,而不愿在你面前表露出他(她)的痛苦。相反,你应该让对方感觉到你愿意倾听和分担他(她)的痛苦。

打个电话也许还不够,为了显出你的诚意,你可以放下电话后,亲自跑到朋友的身边,陪他(她)度过最难过的一段时间。也许你并不需要说太多,只需要静静地待在他(她)的身边,握住他(她)的手,扶住他(她)的肩膀,将你的力量传递给对方。

想想正在痛苦中的朋友吧!千万别只记得和快乐的朋友一起欢笑,而遗忘了还有人在暗自落泪。

给母亲一个问候

有一个人,无论她走到哪里都舍不下对你的牵挂,她把自己的一生无私地奉献给你;有一种爱,它让你肆意地索取和享用,却不要你任何的回报。这个人叫"母亲",这种爱叫"母爱"。不要因为忙碌和粗心而忽略了对母亲的问候和关心。

我们每个人从一生下来,就在幸福地享受着母爱。母爱,是我们内心永远的温暖。可是,我们又给过母爱什么呢?

试问一下自己,有多长时间没有问候母亲了?或许我们已经远离母亲,开始了我们自己的生活,每日忙碌奔波,甚至都想不起来远方还有一份永恒而炽热的爱,一直在守护着我们。当我们结束一天的忙碌,静静地坐在家里休息的时候,眼角瞥见静悄悄躺着的电话机,会不会想从电话的那头听听母亲那熟悉的唠叨和叮咛呢?拿起话筒吧,因为远方的母亲天天都守在电话机旁,盼着铃声在耳边响起呢!

浓浓的母爱,并不需要我们太多的回报,就算我们想要回报,也是无法全部报答的。我们常常只会将这份同样的

1月　认真爱自己，让爱在心中燃烧

爱倾注到我们自己的孩子身上，这也许就是母爱的一种传承吧！但无论如何，我们所能做的，一个电话，一声问候，只是再简单不过的一种方式了，难道这我们还做不到吗？

问候的方式有很多，如果你离家太远，就打一个电话吧！如果你和母亲就在同一个城市，回家去看望殷切期待的母亲吧！无论以什么方式，只要你有心，还记得母爱时时刻刻都在身边，便已足够，对我们伟大的母亲，便是最大的安慰了。

向月儿许个美丽的心愿

> 人生在世，总会有一些美丽的心愿，这是一种追求，也是一种寄托。如果闭上眼睛，悄悄许个心愿，你就会感觉有一种神奇的力量正带着梦想远飞。

很多人都盼望有一天能看到流星划过天际，然后双手合十，虔诚地对着流星默默许个心愿，据说那样许下的心愿很灵验。我们不知道流星什么时候会不期而至，但是月儿却常常挂在空中，对着月亮许愿其实也是一样的。我们只是需要一种寄托、一种带着点神秘色彩的精神力量，是星星或是月亮并不重要。

今夜皓月当空，不论是弯弯的月牙儿还是圆圆的月亮，都会在天上对着我们微笑，不如走到阳台上，对着月儿把心事轻轻诉说，月亮就像一个善解人意的女神，仿佛在问你有什么心愿。

想想你有什么特别渴盼的事情，也许很多，但是不能贪心，一次只能许下一个心愿，所以想想什么是你最热切向往的。只要你心态摆正，虔诚热烈，并发誓为了理想而不懈努力，相信月亮女神一定会默默守护着你，赐予你无穷的精神力量，助你心想事成。

给父母捶捶背

> 孝敬父母是做人的根本,不要只是在心里想着口里念着,更重要的是要付诸行动。不要总是以忙碌为借口,闲下来的时候,多陪陪父母吧!

许多时候,我们总觉得父母有他们自己的生活圈子,自己会照顾自己,还是尽可能地不去打扰他们了,给他们点钱就可以了,就是尽孝心了。其实,父母更需要的是子女的关爱和理解——一个问候的电话,一次家庭聚会,哪怕是请子女来吃一顿他们自己亲手做的饭,父母都会觉得十分满足。

有一首歌叫《常回家看看》,它之所以流传经久,不仅因为它旋律优美,更重要的是道出了人间真情——

常回家看看,

哪怕帮妈妈刷刷筷子,

洗洗碗,

老人不图儿女为家做多大贡献,

一辈子不容易就图个团团圆圆……

回家看看吧,去和爸爸说说工作的事情,去帮妈妈洗洗碗,然后帮爸爸妈妈揉揉肩,捶捶背……把给子女的爱,分一点给父母,哪怕是一丁点,都会让他们得到极大的满足。

有时候,父母就像一个孩子,为他们做一点小事,就好似对他们莫大的宠爱一般,就会像个孩子般开心满足地笑。从小到大,我们一直都是父母眼里的孩子,但年迈的父母,又何尝不是"孩子",在他们老年的时光里,我们还能为他们做些什么,才能不留更多的遗憾呢?

想想还有什么是我们能够做到的,例如坐在父母身旁,给他们捶捶背,然后像哄小孩一样教他们改掉一些多年的有害健康的坏习惯,叮嘱他们多吃点有营养的食品,少操心,多参加一些有意义的老年集体活动之类的。

1月　认真爱自己，让爱在心中燃烧

读一本好书

> 读一本好书，像乘上一艘万吨巨轮，载着我们从狭隘的小溪，驶向波澜壮阔的思想的海洋。读一本好书，像擎起一熊熊燃烧的火把，即使在没有星光也没有月色的黑夜里，你照样能够信步如飞而绝不迷途。读一本好书，可以为你指明一条道路。

读一本好书，有如与一位绝好的友人在一块待上几个时辰，即使一语不发，只默默感受那份香烟缭绕中无声的宁静与温柔，心里也能踏实熨帖得不行。

一本好书，一杯清茶，一桌一椅，静心坐下来，和书中的人物神交，和高尚睿智的作者喁喁私语。这种生活，只怕连神仙也不会再挑剔什么了，难怪罗曼·罗兰要说："和好书生活在一起，我永远都不会叹息。"

不信，你可以拿起一本好书，认真阅读，你会感觉仿佛进入了一个绚烂多姿的缤纷世界。有沉思、有感叹；有激昂、有欢笑；有火山爆发、有狂飙倏起；有淙淙细流、有洪波万里；有云卷云舒、有潮起潮落；有飞流直下三千尺、有一行白鹭上青天……

如果你喜欢听古典音乐，你更会觉得读好书的感觉就仿佛徜徉于一段经典名曲。托尔斯泰的博大精深一如贝多芬的深沉多思；欧·亨利的诙谐幽默仿佛海顿的轻松明快；福楼拜的精致入微恰似巴赫的婉转细腻；鲁迅的辛辣犀利正像瓦格纳的奔放不羁……不觉间，音符翩飞，旋律起伏，节奏纷沓，书人合一；一忽儿，白雪阳春，水清月朗，天高云淡，心若止水。这时候，世界不再喧嚣，内心不再浮躁；胸可纳百川，人可立千仞，如鲲鲛戏水，似天马行空；不扶而直，不攀自高；得失尽忘，宠辱不惊。

选择一本好书，认真读一读，你可以请教会读书的人，让他们帮忙推荐，也可以找来心中一直想读却没有足够时间阅读的书。今天就给自己一个足够的空间，什么事都不做，什么事都不想，只用来专心徜徉阅读的海洋。

对所爱的人深情地说一句："我爱你！"

> 这世上有3个字曾令无数人心潮澎湃、热泪盈眶。只需这3个字，任何其他的语言仿佛都成了一种累赘。这有着神奇魔力的3个字，便是："我爱你！"

这3个字在很多人心目中都是很神圣的，尤其对于初识的恋人，想说却不敢或不好意思说，这样的心情相信很多人都经历过。而当时光流逝，岁月匆匆而过，爱情变得有些疲惫和麻木的时候，你是否还会记得对身边的爱人说这3个字呢？

也许你已经觉得没有必要，也许你太过忙碌而忘了还有这3个字，也许你觉得已经说过的话再说一遍已经没有必要，也许你觉得用行动来表示更有意义。但是，你真的错了，这3个字真的是经久不衰的神奇字眼，它在每个人心目中永远都保持着至高无上的位置，所以，永远都不要忘却它的魅力。

今天，何不找个合适的时机对心爱的人说出那3个字。其实，不用怎样刻意营造气氛，清晨，你睁开双眼，对着睡眼惺忪的爱人可以轻轻说出来，相信他（她）一定会立马精神百倍，而且会保持一整天的好状态。上班临行出门之前，也可以抓住某个瞬间，在他（她）耳边轻轻呢喃一句，你一定会看到对方眼中的惊喜和兴奋，你也因此会快乐一整天，关键是，你们的关系也会因此有了新鲜的色彩。其实，这并不难，只是3个字而已，却可以让两人的生活发生很大的变化，也许你想都想不到。

记住，说这3个字的时候，一定要认真，深情款款，千万不可漫不经心，否则你就是在亵渎这神圣的字眼，而且也会让对方觉得你是在敷衍。如果那样的话，还不如不说。说到底，就是要你用心，发自内心地表达爱意，而不是一时的心血来潮，像交一份作业似的匆忙没有心情。

找个合适的机会吧，你的爱人在期待你带给他（她）的惊喜。

1月　认真爱自己，让爱在心中燃烧

今天不用减肥，吃一顿大餐

> 生活中总会有太多的束缚，让人无法随心所欲，然而有时候这些束缚其实是人强加给自己的，压抑自我的本性。找一个空间解放一下自己吧，偶然的放纵换来快乐无穷，何乐而不为？

这是个被肥胖困扰的年代，随着人们生活水平的提高，各种美食可以尽情享用，各种垃圾食品充斥、刺激着人们的味觉，半数以上的人都在嚷着要减肥。即使身材适中的人，也会因为对美丽的向往，而克制自己对美食的欲望，尤其是女性朋友，常常会采用节食的方法来减肥，其实这真的是件很辛苦的事。

不管身材如何，也不管是出于什么目的强制自己减肥，总之，今天给自己的味觉放一天假，尽情满足自己的食欲，想吃什么就放开肚子去吃吧，让"减肥"暂时见鬼去吧。

想想今天吃什么好，中餐还是西餐，什么菜系，想必你肯定有自己的爱好吧。想好了，就邀一个或者几个朋友一起去享受美食吧，人多应该会更有感觉，一个人品尝美食恐怕难有兴致吧。

不过，放纵归放纵，还是别吃坏了肚子，也别贪心，吃完这个，想着今天难得的机会，又去吃那个，还是得照顾一下胃的承受能力，别满足了嘴，伤了胃，那可就得不偿失了。

想好了吗？下定决心了吗？别顾忌太多了，一天的放纵不会让你长太多肉的，其实这也是给心情放一个假。

召开一次家庭会议

> 这是个个性张扬的时代,每个人都有自己独一无二的思想和见解,如果缺乏沟通,往往容易造成误解甚至关系破裂,亲密无间的家庭成员之间有时候也是如此。促进家庭成员沟通的有效途径之一就是家庭会议。

最好能指定一个时间,确立一个议程,比如每周一次。不管以前有没有执行,或者根本就从来没有人提议过。但可以从今天开始,找个机会对各个家庭成员倡导一番。有了一个好的开始,对于以后的家庭会议的进展会有很大的帮助。这是促进各个成员之间联系交流的好机会,每个人都可以畅所欲言,发表自己内心最真实的想法,相信大家都会欣然接受并参加。

一致通过之后,最好民主选出一个人作为会议主席。这个人并不一定非得是家长,任何一个人都可以,只要大家认为他有足够的组织才能,即使没有,这也是个很好的锻炼机会。

会议召开之前,最好能确定一下议程、大会讨论的主题,以及每个人在会上将要扮演的角色。会议开始后,主席应该能够调动大家的热情,就主题踊跃发言,还可以展开激烈的讨论。如果某人对某人有什么意见,都可以在会上说出来。家庭会议,讲究的就是真诚,家庭成员之间,无需太多礼数或虚荣。当然,家庭会议的目的是促进家庭关系的良性发展,千万不可揪住某一个小问题而争论不休,这点主席应该注意把握分寸。

会议结束的时候,主席别忘了通知下次会议的时间,并提出一些问题留作大家会后思考,并提出一些建议供大家参考,希望下次会上大家能够谈谈心中的一些感想。希望今天是个好的开始。

2月

笑对人生，感悟成功

没有人会一帆风顺，人生总是充满了挫折和坎坷。真正的成功是经历了无数次失败后的一次转折，失败是成功之母。正确处理失败和挫折，才能迎来真正的成功。

笑对人生是一种境界，也许阅历丰富的长者知道，而壮志凌云的少年狂者却不知道；也许淡泊明志的圣人知道，而急功近利的小人却不知道。但它却是战胜暴风雨的法宝。

今天，对所有的人微笑

> 世界上的每一个人都想追求幸福。有一个可以得到幸福的可靠方法，其实很简单，那就是微笑着过好每一天！幸福就会在笑容里荡漾！

你的笑容就是你善意的信使。你的笑容能照亮所有看到它的人。对那些整天都皱眉头、愁容满面的人来说，你的笑容就像穿过乌云的太阳；尤其是对那些受到来自上司、客户、老师、父母或子女的压力的人，一个笑容能帮助他们了解一切都是有希望的，世界是有欢乐的。

微笑能改变你的生活。今天不妨就试试保持一整天的微笑，对今天你遇到的每一个人都微笑致意。其实这并不难，甚至都不需要你张口说一句话，一个微笑就足以表达你所有的友善。

微笑对别人是鼓励，是赞扬，是认同，哪怕只是一个简单的问候，也会传递给对方一种温暖。不要等着别人先跟你打招呼，你可以主动送出一个微笑。认识你的人会因为你的友好与你更添一份亲近，就连不认识你的人也会感受到一种莫名的暖意。

如果你平时就做得很好，今天就继续努力吧！如果平时你很少这样做，那么就从今天开始改变吧，不要觉得难为情，害怕别人惊异你的变化，这种变化是好事，每个人都会为你的变化而感到惊喜，也许从今天开始对你有了一个新的认识。

如果你不喜欢微笑，那怎么办呢？那就强迫你自己微笑。强迫你自己吹口哨，或哼一曲，表现出你已经很快乐了，这就会使你真的快乐起来。

快乐的你，不要吝啬，把你的快乐与别人分享吧！快乐不会因为分享而减少，只会因为分享而成倍增加。那么，把你的快乐用微笑送给你身边所有的人吧！让整个世界都充满了你的快乐！

2月　笑对人生，感悟成功

用心去感受身边的幸福

> 每个人的人生道路其实都是大同小异的，无非生老病死、吃喝拉撒、衣食住行、求学工作、结婚生子，然而，有些人觉得幸福，有些人却觉得不幸。为什么？一句话，幸福由心生。人人都渴望得到幸福，但是追求幸福的路却只有一条，简单地说，幸福需要用心去感受。

你是不是总在埋怨自己的贫困潦倒，羡慕别人的汽车洋房？总在感叹别人的幸福唾手可得，而自己的幸福却遥不可及？又或者你已经拥有了万贯财富，却总感觉幸福远在天边？

戴尔·卡耐基曾说过："幸福与不幸福，并不是由个人财产的多寡、地位的高低、职业的贵贱决定。"是的，幸福就在你身边，只需要你用眼睛去发现，用心去感受。有亲人和乐融融是幸福，有爱人相伴一生是幸福，有朋友嘘寒问暖是幸福；工作一天疲惫不堪，回家和家人吃上一顿可口的饭菜是幸福；炎炎夏日喝上一杯清茶是幸福，冷冷冬日喝上一杯热咖啡是幸福；看到路边的小花绽放是幸福，看到小树苗吐出绿芽是幸福……

幸福处处在，你还在抱怨什么呢？幸福就是一种感觉，一种由内心深处冒出的感觉，一种对生活对人生满足的感觉。敞开你的心扉，你会觉得你是幸福的。

费力不讨好，笑笑就算了

> 人生在世，总会遇到一些费力不讨好的事，如果你是一个善良热心的人更是如此。这个时候，怀恨是魔鬼，懊恼是阴魂，唯有超然处之，不去苛求一份感激，才会使你收获内心永久的宁静，这正是人生难求的境界。

不可否认，人都有七情六欲，而人世间又有那么多不平、不幸与不公，人的情绪总是不由自主地随外界的变化而变化。也许，这才是一个正常人应有的情绪反应。我们都是普通人，不可能凡事都能做到超然于世。

人世间很多恼人事、烦人事终究是不可避免的，我们用我们的凡人之力无法去改变，无法去阻挡。既然如此，我们何不用一颗平常心去看待这一切，对于别人的误解一笑而过，快乐永远是属于我们自己的。

让我们试着去学会超然处世吧，慢慢地你会发现那真的是个美妙的意境。

这样做的时候，开始可能会很难，心里总是想不通，不痛快，最直接的想法可能就是下次再也不干这种蠢事了，或者再也不理这个人了。其实没必要如此，是金子总会发光，好心也总会被人领会，只是时间问题。即使看不到误会澄清的希望，也不要灰心，更不要改变做人的原则，只要想着自己问心无愧就可以安心了。

这个人不明白，总会有其他人明白的，永远保持热心和爱心，你永远都会是快乐的。

想通了吗？是不是即使这么想了还是有点难受呢？没关系，强迫自己笑一笑吧，开始可能笑得有些勉强，不太自然，慢慢地，你真的能会心地笑出来。

2月　笑对人生，感悟成功

满怀激情地做一件事

> 一种生活过得久了，难免会有些麻木，失去了当初的激情和活力。然而成功的前提正是专注于一件事，当你满怀激情地做一件事时，便会找到一种久违的感觉。

今天你是否有计划做一件什么事，或者和平时一样例行公事，其实做什么事都没有关系，只是要改变一下做事的状态，如果平时由于厌烦你显得有些萎靡不振，那么今天尤其需要改变。

早上起床，洗把脸，轻轻拍打一下脸颊，吐口气，然后来一个深呼吸，有没有感到一下子神清气爽了呢？

不管怎样，给自己一点心理暗示，对自己说，今天精神百倍，有使不完的劲。接下来，集中全部的注意力到一件事上。如果是工作上的事，就当作自己是第一天上班，发挥百分之百的热情，并怀着强烈想要干出成绩的愿望，直到把这件任务圆满完成。或者你做的只是一些家务活，比如拖地、做饭、洗衣等，都可以充满激情，事不在大小轻重，而在于我们的精神状态。

干家务活的时候，你可以轻声哼首曲子，伴着你干活的节奏。在激情四溢的同时，一种愉悦灌满整个心间。

满怀激情地做一件事，还在于坚持，千万不可三分钟热情，做了一半精神一下子松懈下来，然后又恢复从前的样子，甚至停下手中的活，迷茫地发呆，仿佛做了一件多么自欺欺人的事。做这件事的时候，要不停地鼓励自己，告诉自己坚持到底，看看最后以不同以往的精神状态完成的工作成果与平时的有什么差异，是不是完成得更加干净利落。

不管结果如何，起码有一点值得肯定，那就是你的精神是饱满的，心情是愉悦的，这点不是比什么都重要吗？

警告自己，别让信念动摇

> 在通往成功的路途中，最怕信念的动摇，信念是成功的基础，没有坚强的信念的支撑，再好的目标也只是水中月、镜中花。信念让我们擦亮蒙尘的眼睛，信念让我们遥见理想之花频频点头，信念让我们坚定方向，步伐稳健，信念让我们直达光辉的顶峰。

人生的旅程是遥远的，只有不停地前行，才能不断靠近预定的目标。虽然目标不可能都能达到，但它可以作为我们奋斗的瞄准点。信念的力量在于即使身处逆境，也能重新拥有前进的毅力。

信念不是先天的，而是后天的。它是人在社会实践中对各种观点、原则和理论，经过鉴别和选择而逐渐形成发展起来的。当某个人确认某种思想、某种理论和某种事业是正确的、是真理，并去自觉维护这种思想理论和观点，就确立了信念。

如果把人生比做杠杆，信念则好像是它的"支点"，只有具备这个恰当的支点，才可能成为一个强而有力的人。

所以我们要经常警告自己，别让信念动摇。因为人在困难面前总是很脆弱的，难免有畏难情绪。今天从早上起床开始，你要不断告诉自己，坚持、坚持，别动摇，胜利的曙光就在前方不远处。

不要感到厌烦，也不要觉得疲惫，相信这样做对你的人生很有帮助，因为信念是人生征途中的一颗明珠，既能在阳光下熠熠发亮，也能在黑夜里闪闪发光。

没有信念的生活，人生路上将黯淡无光。有了信念，即使遭遇任何不幸，都能召唤起重新开始的勇气。

确立我们的梦想，坚定我们的信念吧，这样我们才能有光辉灿烂的人生。

2月　笑对人生，感悟成功

装饰卧室

> 除了工作场所，一天中还有一个地方我们会待很长时间，这个地方的环境如何，可以直接影响我们的心情，甚至是第二天的精神状态，这个地方便是我们每晚睡觉的卧室。

每个人都希望有个"安乐窝"，那就想办法把自己的卧室装饰一下吧！怎么装饰完全随你自己的喜好。你可以事先在心里勾画一下，可以的话，画一个草图。

如果你觉得自己没什么主意，只要你愿意，去向专业设计师咨询一下也是没有问题的。或者去看看相关的室内设计的杂志，并不用完全照搬，只是启发一下思路，希望你能从中得到一点灵感。

也许你并不想弄得太复杂，只是想简单装点一下，自己觉得舒服，看起来比较温馨自然就行。

比如买一些鲜花、绿色植物，放一瓶清香的鲜花在床头，早上起床就能感觉到大自然的美好，这是件多么惬意的事啊！

你也可以冲扩几张自己认为比较满意的照片，贴在卧室的各个角落，每天睡前和起床后都能看到自己甜甜的笑容，就像生活的希望在向自己招手。

如果你喜欢中国字画，也可以挑选一幅自己喜欢的字画，挂在床头。想激励自己的斗志，就选一幅励志类的题字；想欣赏中国水墨，就选一幅风景优美的山水画。如果你喜欢精致的小饰物，还可以挂一串风铃或者灯笼之类的在房间的某一个角落。

还有一个细节别忘了，铺一床漂亮的被单，会让卧室增色不少。被单的颜色最好选择和卧室的颜色基调一致的，这样看起来比较和谐，至于花色，就完全取决于你自己的喜好了。

一年应该用心去做的事

养一盆绿色植物

> 人类有90%的时间是在室内工作和生活的。那么，在人类的生存空间不断遭受各种污染威胁的今天，如何才能拥有一个健康洁净的室内环境呢？

养一盆绿色植物，是治理室内环境最简单也最健康的一种方法。这不仅是出于健康的考虑，也可以作为一种陶冶性情的爱好。不管是出于什么目的，在房间里有选择地摆放一些绿色植物，不仅能愉悦你的双眼，还能驱除异味，带来清新自然的空气，这样做肯定是没错的。

你可以选择在工作的办公室或在家里养一盆植物。随着现代办公设备的自动化，每人的办公桌上几乎都摆放着一台电脑，这样我们每天都在遭受辐射的侵害。因此，在办公桌旁养一盆绿色植物，最好是具有抗辐射功能的仙人掌是十分必要的，这样工作时，你可以每隔一个小时闭眼休息数分钟，再睁开眼睛观看绿色植物数分钟，眼周肌肉得到放松的同时，心情也会如绿色植物一般时时刻刻都是绿绿葱葱的。

在家居环境中养一盆绿色植物也很重要，在选择品种之前，先了解一下各种植物的特点和功能吧。大部分植物都是在白天吸收二氧化碳释放氧气，在夜间则相反。但仙人掌、景天、芦荟和吊兰等却可以全天吸收二氧化碳释放氧气，而且存活率较高。比如，吊兰是窗台植物的最佳选择，美观，价格便宜，且吸附有毒物质效果特别好。一盆吊兰在8～10平方米的房间就相当于一个空气净化器，即使未经装修的房间，养一盆吊兰对人的健康也很有利。另外，平安树是很多家庭客厅的盆养植物的首选，平安树又叫"肉桂"，自身能释放出一种清新的气体，让人精神愉悦。在购买这种植物时一定要注意盆土，根和土结合紧凑的是盆栽的，反之则是地栽的。购买时要选择盆栽的，因为盆栽植物的根与泥土已融洽，容易成活。

特别提醒一下，植物在光的爱抚下光合作用会加强，能释放出比平常条件下多几倍的氧气。所以，要想尽快地驱除房间中的异味，也可以用灯光照射植物。

2月　笑对人生，感悟成功

对挫折一笑了之

> 没有人会一帆风顺，人生总是充满了挫折和坎坷。真正的成功，是经历了无数次失败后的一次转折，失败就是成功之母。正确处理失败和挫折，才能迎来真正的成功。

为什么我们总是觉得离成功那么遥远，那是因为我们被困难的阴影遮住了成功的欲望。人是有欲望的动物，往往是欲望促使我们去行动，欲望有多强烈，行动的速度和力度就有多大。如果让失败的阴影阻挡了成功的欲望，我们就永远只能在失败的阴影里过活，而成功永远都只能是个遥远的梦。

所以，面对挫折，真的不必太在意，笑一笑，重拾信心，然后继续朝着成功的方向迈开大步走下去。当然不在意，不等于对失败不重视。对于失败是个态度问题，也是个如何把握的问题。正确的做法应该是在战略上重视，在战术上忽视。对于失败，我们应该认真总结出经验教训，告诫自己下次别再犯就行，而对于具体的事情，完全可以不放在心上，应该把全部的精力放到接下来要做的事情上去。

今天要做的具体的事就是让自己对着天空微微一笑，然后低下头来看看脚下正在走和将要走的路，在心里默默为自己唱一首战歌，然后甩甩头，就当把满身的灰尘抖落干净，重新上路。

把烦恼写在沙滩上

> 人一旦进入红尘中，就会在忙碌中忘了自我，忘了快乐，忘了满足，而只剩下烦恼。烦恼来自于执着，来自于追求，来自于对尘世的这种执着的追求。其实烦恼可以像写在沙上的字，海水一冲就流走了。

有这样一个故事，话说有一个中年人，年轻时所追求的家庭事业如今

一年应该用心去做的事

都有了基础,但是他却觉得生命空虚,感到彷徨无奈,而且情况越来越严重,只好去看医生。医生给他开了几个处方,分四副药放在药袋里,让他去海边服药,服药时间分别为9点、12点、下午3点、5点。

9点整,他打开第一副药服用,然而里面没有药,只写了两个字"谛听"。于是,他坐下来,谛听风的声音、海浪的声音,甚至还听到了自己的心跳节拍和大自然的节奏合在一起跳动。他觉得身心都得到了清洗。他自问:我有多久没这么安静地坐下来倾听了?

到了中午,他打开第二个处方,上面写着"回忆"两字。他开始从谛听转到回忆,回忆自己童年、少年时期的欢乐,回忆自己青年时期的艰难创业,他想到了父母的慈爱,兄弟、朋友的情谊,他感觉到生命的力量与热情重新从体内燃烧起来了。

下午3点,他打开第三个药方,上面写着"检讨你的动机"。他仔细地回想早年的创业,开始是为了热情地工作,而等到事业有成,则只顾着挣钱,失去了经营事业的喜悦,为了自身的利益,他失去了对别人的关怀。想到这儿,他开始有所醒悟了。

到黄昏,他打开了最后一个处方,上面写着"把烦恼写在沙滩上"。他走到离海最近的沙滩,写下"烦恼"二字,一个波浪很快上来淹没了他的"烦恼"。沙滩上又是一片平坦!

当他走在回家的路上时,他再度恢复了生命的活力,他的空虚无奈也被治好了!

我们不妨也把追求的烦恼写在沙滩上,让海水把它冲走。然后,学会静静地"谛听",让自己回归自然,享受自然生存的乐趣!静坐海边,让涛声带领我们去回忆、去感受,感受家人给我们带来的温馨,感受兄弟姐妹的情谊。这时,你会发现,人生的真正喜悦是浓浓的亲情、友情、爱情!

还等什么呢?现在就出发去海边吧!

2月　笑对人生，感悟成功

放松心态去做一件事，不苛求结果的成败

> 会生活的人，不只是收获结果的喜悦，更重要的是享受过程的快乐。有时候，越不去在乎结果，却越能轻松收获。

有什么事是你特别想要成功而屡屡失败的，你有没有想过换一种心态试试。是不是每次开始行动的时候，就不由自主地开始紧张，只因为心里太过重视。

不如今天就当作一次试验，不去想结果会怎样，轻轻松松地从头再来一遍，即使失败了也没关系，反正今天只是试验而已。而且，没有希望也无所谓失望。

不要以为这是徒劳，没有意义，至少这样做的过程，会让我们体味到另外一种做事的态度，一种难得的做事态度。

不苛求结果的成败，并不等于不认真，只是要求我们在战略上要藐视它，但是在战术上还是要重视它的。做事的过程，还是要讲究方法得当，注意力集中。放松心态不是漫不经心，如果那样，那就没有试验的价值了。

做一件事就要认真地做，否则就不做。过程我们可以控制，态度我们可以把握，结果有天意的成分，很多时候我们无法掌控。

既然放松了心态，就要敢于尝试，以前屡遭挫败的结果可能是方法不得当或者有别的什么纰漏。

今天不妨认真分析总结一下，想不通的地方还可以请教别人，听取一下别人的见解。综合一下各方面因素，找准策略后就大胆尝试新的思路吧。

试验本身就是一个试错的过程，不知道这种方法行不通，怎么会知道哪种方法行得通呢？所以，大胆尝试吧，不用想太多，只要专注于如何行动就行了。

列举自己做过的错事

> 人都会犯错误,对待错误的态度常常显示一个人的品格。敢于忏悔,勇敢地面对自己的错误,才不会被错误玷污了你的灵魂。

在人们意识的深层,埋藏着一种叫"忏悔"的种子。正是这种种子,使人们明白了什么叫勇气可嘉,明白了什么叫诚实可贵。

忏悔是一种勇气,一种敢于面对自己、面对人生、面对社会充满责任的勇气。只有当一个人把推进社会进步作为己任时,才有可能毫不留情地批判自身;只有坦坦荡荡地把胸襟敞开时,才能算得上一个真正的人。从这个意义上讲,忏悔是高尚的,也是坚强的。忏悔者没有一丝羞怯,因为真诚和使命感已经成为他力量的源泉。

忏悔的第一步就是要想想自己曾经做过什么错事。敢于承认自己的错误是开端,不要只是在心里暗暗想想就完事,而要认真地用纸和笔记下来,一件一件地列举出来,然后在每一件事后面写下自己的点评和感想。当时过境迁之后你是否变得成熟,当下次遇到这种类似的事的时候你是否还会再犯,这一切都要看你此时的表现,看你自我忏悔的深度。

这种高贵的、优秀的、不同凡响而又无比挚诚的忏悔,使我们不断超越自己,不断前进。这不是在祈求原谅,而是在对过去进行理性分析,这种分析是一个曲折的扬弃过程。

所以,冷静地回头想一想,好好忏悔一下曾经的过失,对我们以后的人生是一种鞭策、一种激励。

2月　笑对人生，感悟成功

不和无理取闹的人争吵

> 吵架有时候是种发泄，但是，如果碰到无理取闹的人，你说再多也是白费口舌，对自己的精神绝对是种折磨，还不如睁一只眼闭一只眼，不予理睬。

这个人说话很不讲道理，让人恼火，你可能真的快沉不住气了，很想冲上前打他骂他一顿。但是这种无理取闹的人，他的目的就是想闹，惹恼你他才高兴呢，看着你气急败坏的样子他肯定在心里偷乐。

其实，对付这种人最好的办法就是不理他，任其吵闹，你还是继续做自己手中的事，保持你脸上的微笑，这个微笑是留给自己的。慢慢地，对方也会觉得很无趣，或者会为你的豁达所折服。

当然，这样做也许很难，因为人都有七情六欲，谁也做不了圣人，当别人真的很过分的时候，保持一颗平静的心就显得是那么的难能可贵了。

但是你要相信自己一定能做到，并在心里默默地鼓励自己，甚至还可以对吵闹的人说，你要不要坐下来慢慢说？或者干脆逃开，说我有事要先出去，你自己慢慢说吧！

所谓眼不见，心不烦，走开了还落得个耳根清净。对方可能会大叫大嚷，故意拿话来激你，这个时候你尤其要沉住气，要知道一时的口舌之快只会带来更多的烦躁和气恼。除非你也不讲道理，跟对方展开大战，不顾形象地破口大骂。这样即使最后你在气势上压倒了对方，你也会累得筋疲力尽，值不值呢？

不管值不值，今天就让自己保持心平气和，做一个优雅有涵养的人，要知道，生气发怒的人老得快！

没有终点地坐车旅行

> 人做每一件事似乎都有一个特定的目的，就这样常常为生活中的"应然"而行动，抛却了心中真正的愿望。也许你在内心深处总在渴望做一件不为任何目的、只是心中想做、能让心态放松的事。

改变你平常坐车的方式，不用在站台苦苦等候某一辆车，只要有车过来，随便哪一辆，都是你的选择。上车之后，选一个自己喜欢的座位，心里不要给自己设定一个具体的终点。就这样静静地、悠闲地欣赏车窗外流动的景象，任思绪自由飘飞，不用刻意去注意乘务员的报站，不用去管每到一个站点的人来人往，也不用去理会你身旁的人群拥挤，或是人声鼎沸。你可以完全沉浸在自己的世界里，想你最近发生的一些事情，把那些纷乱的事情都理出个头绪来。或者你根本什么都不用刻意去想，让你的思想享受这难得的清闲，你甚至可以微闭着眼睛，静静养神，反正你不用担心会坐过站。

车又到了某一站，也许你突然间不想继续，那就下车吧。不用在意这个地方你是否来过，是否熟悉。下车后你可以有目的或无目的地自由闲逛一番，然后又随便选择一辆车，让它载着你去下一个未知的地方。此时此刻，你可以随意地环顾着车内的其他人，他们是否都行色匆匆，一副焦急期盼的神色，对每一个站点有着下意识的关注。那就是平常的你，今天你终于可以暂时逃避这种劳累，心里一定觉得异常的轻松自在吧！

旅程的时间完全由你自己来控制，你想进行多久就多久，想到哪一站结束就到哪一站结束，甚至不用去理会这个终点站你是否熟悉。

终于决定结束这次旅程，那么现在的任务就是找到回家的路，可能这个地方你有些陌生，所以出门之前你一定要带上地图，甚至如指南针这样的工具也可以带上。如果一时间有些混乱，摸不清方向，千万不要着急，相信自己，在这个城市你一定能找到回家的路。

把昨晚梦境中的情境真实地演绎一遍

> 日有所思,夜有所梦,梦境总是现实中的理想状态。梦境与现实的距离常让人叹息不止,如果梦境中的情形能在现实中还原,对每个人而言应该都是一种还愿吧。

仔细回想昨晚梦境中的情境,努力回忆每一个细节,如果你还能记得很清晰,试着把那些情节在现实中真实地演绎一遍,给自己一种梦想成真的感觉。

如果你的梦境中还有别人,那么大胆地告诉他们你的想法,并且邀请他们配合你的行动,相信大家都会觉得这是个好玩的主意。生活中本来就有太多压力,太多不想做却又不得不去做的事,用一种另类的方式让自己的精神得到放松,会生活的人都会乐意。

邀请到你的朋友,详细地告诉他们你的梦境,并对他们的演绎作出相应的指导。也许他们也有自己的见解,你要耐心地倾听,并和他们进行探讨。这样的过程会让你收获许多,说不定会让你对某个问题瞬间豁然开朗,对于你的梦境与现实顿时有了新的认识和看法。

如果你的梦境是发生在一个遥远的地方,比如冰山雪川,深山幽谷之类的,为了安全起见,你最好选择一个虚拟的地点。你可以在附近找一个类似的地方,把它想象成梦境中的那个地方,关键是把你想要做的那些事真实地做一遍。说到底,这只是一个游戏,一个让心情放松的游戏,是为了让我们在现实中以放松的心态去生活,所以,有些事情不必强求,不必要求太多。

主动与新邻居聊天

> 俗话说："远亲不如近邻。"邻里之间，互相关心，互相帮忙是人之常情。和谐的邻里关系，需要用心去建立和维护，需要经常的沟通和交流。主动与新邻居聊天，是表达你对社区新成员的认可和欢迎的最直接和最好的方式。

如果今天是个周末，那刚刚好，吃过早餐，稍作休息，你便可以主动去登门拜访这位新邻居。如果是普通的工作日，那么就在吃过晚饭后，顺便带上一点小礼品，几个水果或糖果什么的，看起来就是顺手而已，不用显得是多么特意的一种安排。

敲开邻居家的门后，热情地送上你的笑脸，友好地问候："你好！欢迎你搬到这里，来看看你们，有时间吗？"相信你友好的开场白一定会感动你的邻居。

进屋坐定，你可以随意寒暄，热情地向新邻居介绍这个小区的环境和居民，介绍附近的超市、菜市场、饭馆之类的，还可以告诉对方你住在这里的心得体会。询问对方还有什么疑问，你可以帮忙解答。告诉对方不用客气，以后有什么需要帮忙的尽管说。

当谈话变得很融洽之后，你可以跳开彼此的客套，试着去聊聊其他彼此感兴趣的话题，就像和你的其他熟知的朋友聊天一样。当然，你也不可因为太过投入而忘乎所以，还要注意一下时间，不能聊得太晚而影响别人的休息。在谈话之前和过程当中，你都要注意是否在打扰别人的正常生活，也许别人还有要紧的事要做。你首先应该询问，而后还要自己去观察，既然已经是邻居，聊天的机会还很多。你的善解人意会感动你的邻居，真诚在你们之间已经开始流淌。

聊天结束，友好地道别，有需要的话，彼此留下联系方式，以便日后彼此有个照应。有缘相识并成为邻居，便是朋友。

2月　笑对人生，感悟成功

穿时尚的衣服出去逛街

> 生活需要活力，需要热情，需要用心去做每一件事。而生活的态度、做事的心情，有时候可以通过我们的外表的改变而得到改变，关键在于你可以为了获得内心的兴奋，而敢于不去在乎别人的眼光。

我们常常顾及别人的目光，比如出去逛街，穿什么样的衣服才显得大方得体，更有些人故意打扮得很低调，以为这样便可以躲避别人的目光，自由自在。其实如果真的想随心所欲，不如把自己打扮得光鲜时尚，兴高采烈地出去逛一圈，这才是真正的自由随性。

拿出自己最时尚的衣服，搭配好色调，最好再来一个淡妆（如果是女性朋友的话）。如果你觉得一个人有点孤单，可以邀上一个朋友，鼓励你的朋友也穿上时尚的衣服。

逛街的时候，怎么高兴怎么来，你可以和朋友大声地说笑。这可能会引来路人的侧目，不用去理会，我的快乐我享受，只要没有妨碍别人。

在商场或别的什么地方的镜子前照照自己的样子，自我欣赏一下，看着一个时尚的影子在镜子前活灵活现，你的心情会一直晴朗。

以自己为主角写一篇童话

> 我们常常羡慕童话故事中的主角，羡慕他们的智慧与美貌，羡慕他们浪漫的人生和幸福的生活，羡慕他们非同一般的经历和传奇。其实，只要你肯去为自己的梦想而努力，你一样可以抒写一段属于你自己的童话。

想让自己当一回童话故事中的主角很简单，你可以自己写一篇童话，以自己为主角。这样你就可以按照自己的愿望写就自己的传奇人生，让自己在童话故事里过过瘾。

　　首先想想故事的背景，什么时代？什么地点？然后是你希望自己拥有怎样的人格财富，拥有怎样的才能，你的生命中将要出现一些什么样的重要人物，这一切的一切都要预先设计好，有了一个大体的轮廓和线索后，就可以开始提笔开始你的浪漫旅程了。

　　你有什么样的愿望，都可以在这个童话里一一实现。但是不要贪心，也不要想得太完美，童话也有跌宕起伏和曲折离奇，正如生活中也有坎坷波折。真正美丽的童话既是对现实不圆满的一种弥补和填充，也是对生活的希望的一种寄托和激励。所以，以你为原型的主角也不能完全脱离现实，那里面必须有你的影子，这样写出来的故事才是有意义的。

　　童话中的你也必须经历一些磨难，正如生活中的你所经历那些酸甜苦辣。童话中的你也许更加坚强，这正是你希望的人生态度。童话会激励你继续努力，因为童话中的结局，你已经克服了所有的困难和苦痛，如一只翱翔的雄鹰在蓝天白云间高歌。

　　童话里的因果机缘，在告诉你生活中的种豆得豆。童话会让你对生活充满信任，对人生充满信仰。人总是只有相信一些东西才会更快乐一些，正如"天真"的人总比"聪明"的人要幸福得多。

　　抛却犹疑和困惑，怀着对生活满腔的热情和信仰，认真写就你自己的童话故事吧！

3月

学会选择，懂得放弃

选择是人生成功道路上的航标，是量力而行的睿智和远见，只有量力而行的睿智选择才会拥有更辉煌的成功；放弃是智者面对生活的明智选择，是顾全大局的果断和胆识，只有懂得何时放弃的人才会事事如鱼得水。学会选择就是审时度势，扬长避短，把握时机，明智的选择胜于盲目的执着。学会放弃才能卸下包袱，坦然地寻找新的转机。

人生如演戏。每个人都是自己的导演，只有学会选择和懂得放弃的人才能创作出精彩的影片，拥有海阔天空的人生境界。

学会选择，懂得放弃，纵然会有一点酸，一点苦，一点痛，但更多的是快乐和幸福！

仔细想想现在所处的这个环境，是否适合你的发展

> 决定我们一生成就的重要因素，不是一般所谓的命运，而是每个人身处的环境。或许我们没有能力去创造一个环境，但可以去选择一个环境。虽说内因是根本，外因只是条件，但倘若我们可以选择，为什么要执着地挑战自我的意志呢？更何况，环境的作用你真的可以忽视吗？

　　自古有云，"近朱者赤，近墨者黑"，"蓬生麻中，不扶自直；白沙在涅，与之俱黑"，可见古人尚已认识到环境对人的关键作用，"孟母三迁"便是一个很好的例子，更何况处在现代社会聪明的我们。俗话说得好，"树挪死，人挪活"，候鸟还懂得随气候变化而迁移呢。

　　那么今天就认真想想你现在所处的这个环境，是否真正适合你将来的发展。比如你现在的工作单位，单位上的领导和同事，你是否在这个环境中得到锻炼，是否学到了你想学到的东西。不要认为自己的这种考虑是多余的，虽说环境只是外因，但外因不等于没有影响，更不可能被忽视，石头里蹦不出小鸡，陆地上养不活鱼虾，我们要善于选择对自己有利的环境。有人说，什么样的父母养出什么样的孩子，那是家庭环境的影响；也有人说，什么样的老师教出什么样的学生，那是教育环境的影响。

　　环境对于一个人的影响至深至远，我们切勿等闲视之。认真考虑这些环境因素，包括工作、生活、学习的各个方面，是否能够帮助我们成功，是否充满积极正面的力量，是否存在许多成功者足以带动我们。

　　环境虽然难以改变，却可以更换。如果你认为自己当下所处的环境无法提供你足以成功的帮助，建议你可以去寻找一个让自己成功的新环境，使自己的潜能得以激发，成功则必然可期。明天，你会为自己今天的明智选择而骄傲。

3月　学会选择，懂得放弃

动手去做一件自己最拿手的事

> 世上没有绝对的强者和弱者。在夹缝中生存，逃避挑战，是弱者天生的本领。只要你懂得利用自己的优势，适应环境因素，该强则强，该弱则弱，收放自如，弱肉未必强食，相反强肉也有可能被蚕食。

每个人都有自己的优势所在，关键就在于你是否善于捕捉自己的优点，并懂得如何去利用。千万不可在自怨自艾、妄自菲薄的阴影里埋没了自己的优点，要相信，弱者同样有自己的生存空间，更何况，谁说我们就是弱者了？

相信自己，只要认真地活着，不对自己的强大与弱小耿耿于怀，只要你找到了自己能游刃有余的空间，充分发挥自己的优势，到那时，你的优势会弥补你的不足，你定能获得别人也许苦苦求索而无法得到的东西。

所以，今天就来认真分析一下我们自己的优势吧！看看自己对什么事最擅长、最拿手，想好了就动手去做这件事。比如你觉得自己口才好，表达能力强，那你可以尝试参加某种形式的促销活动，做个促销员，并且努力创下佳绩。又比如你觉得自己文笔好，写作能力强，那你可以尝试写一篇你自己比较擅长的类型的文章，然后寄给某个杂志社或者报刊社，然后期待自己的文字变为铅字的惊喜。等等诸如此类，你的优势你自己最清楚，认真分析然后行动。

记住，利用自己被人忽视的空间，暗暗给自己鼓劲，努力地为我们的生活再创造一个"一鸣惊人"的美丽神话。

勇敢面对被自己逃避的难题，再用心去解决

> 人生总要经历许多道坎，有时候感觉真的很难迈过去，是真的迈不过去了吗？还是因为我们认为迈不过去？那么，先什么都不要想，勇敢面对这一切吧，慢慢地你会发现这一切终究会迎刃而解的。

许多人在困难出现时，退却了；在无法突破时，灰心了；更有人在没有达到预期目标时就丧失了斗志，甚至有人用放弃自己的生命来了结问题。

如果我们此时选择勇敢与豁达，先"放心"去面对，再"用心"去解决，你会发现，问题有时只是我们想象中的猛兽，一旦你带着武器反攻，它们可能成为不堪一击的泡泡，轻轻一刺，便消失了。

如果我们还可以选择，为什么我们不能选择？那么就不要再踌躇不前了，先思考一下问题的重点，再搜集相关的、有助于解决问题的资讯，拟订解决的方案与取代的方法，然后把自己推向最重要的执行上。打破限制，突破牢笼，激发自己的潜能，成功就在眼前。

保持一整天的愉悦，用快乐的眼睛看每一件事物

> 万事万物都只是客观地存在于我们的世界，它们本身没有感情，是人类赋予它们灵性和寓意。用快乐的眼睛看事物，世界是明亮的；用忧郁的眼睛看事物，世界是灰暗的。

乐观的人是太阳，照到哪里就亮到哪里。我们的世界应由我们自己来装扮，不要总是埋怨世界辜负了我们的热情，也不要悲叹世界的苍凉与灰暗，看看别人脸上的笑容，看看别人眼睛里透出的光芒，世界在他们眼里又是怎样的呢？

学着改变心态，用快乐的眼睛去看世界。用各种方法让自己保持一整天都很愉快，你会发现万事万物都是那么的美好，充满了希望。踏上快乐旅程，你会发现，你的世界越来越精彩。

不要争强好胜，退一步海阔天空

> 人生旅途中，前进固然可喜，后退也未尝可悲。有时候，前进一步，也许就是万丈深渊；而后退一步，也许你会发现，原来海阔天空。

3月　学会选择，懂得放弃

你可能听过看过，或自己有这样的经历：朋友之间因一句闲话而争得面红耳赤；邻里之间因孩子打架导致大人拌嘴，老死不相往来；而夫妻之间因为家庭琐事而争吵不休，劳燕分飞，如此等等。其实当我们静下心来，仔细想想这些事情，总会觉得有点可笑甚至荒谬。既然退一步可以化干戈为玉帛，又何乐而不为呢？会生活的人，并不会一味地争强好胜，在必要的时候，宁愿后退一步，做出必要的自我牺牲。要明白人生的路并不是一条笔直的大道，既需要穷追猛打，也需要退步自守，既应该争，也应该让。

明白了这些道理，那么想想自己的现实生活吧，你是否还在憋着一口气，因为某某说过一句不中听的话；你是否还在为某位同事在那次工作任务中抢了头功而耿耿于怀。告诉自己，放弃这些无谓的争斗，心平气和地享受现在的拥有，享受这份放弃的轻松和惬意吧。

是你错了，别怕丢面子，说声抱歉吧

> 人很多时候是为了尊严而活着，正所谓"士可杀，不可辱"。然而，在错误面前呢？如果我们一味地坚持自己的错误，还能有尊严吗？

有时候，只有舍得放弃蛮横地维护个人的尊严，我们才能拥有尊严，在自己犯下的错误面前绝不低头，反而会让我们失去更多。

如果是你错了，就不要死撑着不肯认输，你越是想维护所谓的面子，反而越会陷入一种难堪，让你自己进退两难。有人说过："做好人的工作要凭两种力量，一是真理的力量，一是人格的力量。"真理的力量在于我们的知识、我们的能力，那么，人格的力量呢？有时候，舍弃虚荣的尊严，反而会赢得人格。所以，别再瞻前顾后，大方地走上去，对对方说一句对不起，承认是自己错了，希望对方能够原谅。你可能以为这样说很难，其实等你张开了嘴，你会发现很轻松就说出来了，而且说完之后，你会有一种如释重负的感觉，心中也顿时变得明朗起来。等你抬头，迎接你的将是一张宽容的笑脸。

清理一下思想，丢掉那些包袱

> 生命如舟，载不动太多的物欲和虚荣，怎样使它在抵达彼岸之前不在中途搁浅或沉没？我们是否该选择轻载，丢掉一些不必要的包袱，那样我们的旅程也许会多一份从容与安康。

有时我们拥有的内容太多太乱，我们的心思太复杂，负荷太沉重，烦恼太多。诱惑我们的事物太多，会大大地妨碍我们，损害我们。

人生要有所获得，就不能让诱惑自己的东西太多，心灵里累积的烦恼太乱杂，努力的方向过于分叉。我们要简化自己的人生。我们要学会有所放弃，要学习经常否定自己，把自己生活中和内心里的一些东西断然放弃掉。

仔细想想你的生活中有哪些诱惑因素，是什么在一直干扰着你，让你的心灵不能安宁，又是什么让你坚持得太累，是什么在阻止着你的快乐。把这些让你不快乐的包袱通通扔弃吧！只有放弃我们人生田地和花园里的这些杂草害虫，我们才有机会同真正有益于自己的人和事亲近，才能获得适合自己的东西。我们才能在人生的土地上播下良种，致力于有价值的耕种，最终收获丰硕的粮食，在人生的花园采摘到鲜丽的花朵。

把那些痛苦的往事抛到脑后

> 很多时候，人的痛苦来源于一些不好的记忆，过去的已然过去，何不学着放弃那段记忆，学着遗忘，快乐就会重新回到我们身边。

遗忘，对痛苦是解脱，对疲惫是宽慰，对自我是一种升华。在人生的旅途中，如果把什么成败得失、功名利禄、恩恩怨怨、是是非非等都牢记心中，让那些伤心事、烦恼事、无聊事永远萦绕于脑际，在心中烙下永不褪色的印记，那就等于给自己背上了沉重的包袱、无形的枷锁。这样你就

> 3月　学会选择，懂得放弃

会活得很苦很累，以致精神萎靡，心力交瘁，而生命之舟就会无所依存，就会在茫茫的大海中迷航，甚至有倾覆的危险。如果我们善于遗忘，把不该记住的东西统统忘掉，那就会给我们带来心境的愉快和精神的轻松。正像陶铸同志所说："往事如烟俱忘却，心底无私天地宽。"

遗忘是一种能力，一种品质。要学会遗忘，经常进行自我心理调节，想大一点，想远一点，想开一点，从名利得失、个人恩怨中解脱出来。对已经过去的无关紧要的事物，要糊涂一点，淡化一点，宽容一点，朦胧一点，及时将这些东西从大脑这个仓库中"清除"出去，不让它们在记忆中占有一席之地。

学会遗忘吧！放下过去那日益沉重的包袱，轻装上阵，精力充沛地面对现在，信心百倍地去迎接未来，就能开拓新境界，创造生命的亮丽风景线。

放下一些太沉重的包袱

> 人之一生，背负的东西太多太多，钱、权、名、利，都是我们想要的，一个也不想放下，压得我们喘不过气来，那么为什么不放下一些呢？

时下，人们成天名缰利锁缠身，何有快乐？成天陷入你争我夺的境地，快乐从何而言？成天心事重重，阴霾不开，快乐又在哪里？成天小肚鸡肠，心胸如豆，无法开豁，快乐又何处去寻？

一切的一切，都让我们背负得太累太累，想要快乐其实很简单，"放下就是快乐"，放下这一切，你会发现，它是一味开心果，是一味解烦丹，是一道欢喜禅。只要你心无挂碍，什么都看得开、放得下，何愁没有快乐的春莺在啼鸣，何愁没有快乐的泉溪在歌唱，何愁没有快乐的鲜花在绽放！

认真检查一下自己肩上的背负，掂量一下自己实际的负荷，自己到底能承受多少，又是什么让我们压得快喘不过气来？把那些太沉重的东西扔掉吧，放弃那些根本不可能实现的梦想，放弃那些太辛苦的追求，留下那些真正对自己的生活有意义的东西，然后认真对待。

学会转弯

> 一个人要想成功，理想、勇气、毅力固然重要，但更重要的是：在错综复杂的人生路上，如果遇到迷途，要懂得舍弃，更要懂得转弯！

我们都知道理想对于我们人生的重要性，人不能没有理想，可是常常有人为理想倾注一生心血却仍旧一事无成，不得志的我们是否想到理想也可以转弯。

可能你从来没有想过这个问题，或者对理想很执着，那就耐心地劝劝自己，认真分析利弊，分析理想的现实意义，坚持到底值不值得。有没有想过自己可能真的在某一方面不是很擅长，这可能不是你的优势所在，要知道，每个人的智能都不会是均衡发展的，人人都有各自的强项和劣势。人生中所经历的失败，并不是因为我们努力得不够，而可能因为我们暂时还没有找到最适合自己走的那条路。所以，当我们为了理想而努力，在错综繁复的人生路上迷途、碰壁的时候，要学会转弯，并随时校正自己的理想，因为有些理想未必就适合我们，只有最适合你发展的路径，才是你真正的理想。

接受生活中的一些残缺，放弃完美

> 谁都知道世界上不存在十全十美，明知是不存在的东西，为何还要千方百计得到，为此所付出的努力也只会付诸东流。

完美，的确是很美好的一种境界。但是，要知道，人在追求一样事物时，必定会失去另一样东西。我们在追求"完美生活"的同时，已经失去了完美与自由，体会不到生活的快乐和释然，反而让光阴白白流逝。其实，追求完美的结果，就是自己制造了一个思想枷锁将自己束缚，给自己层层设卡。

学会放弃完美吧，因为我们的确不是完美无缺的。这是一个令人宽慰的事实，越是及早地接受这一事实，就越能及早地向新的目标迈进，这是人生的真谛。

因此，不要再埋怨生活中的一些残缺，比如，你可能觉得自己长得不够漂亮，脑子不够聪明，或者没有钱过好日子，没有一份好工作等。想想你所拥有的吧，十全十美的生活是没有的，你应该想想你至少还有几分美，剩下的那些没有的，或许你还可以努力去创造，这就是生活的乐趣与动力啊。如果你什么都有了，那你活着还有什么可奋斗的，还有什么可追求的，没有理想与目标的生活该是多么的空虚无聊啊！所以，你应该庆幸你的生活还有残缺，还有你可以去追求的东西。

现今是一个理性极强的时代，完美虽然达不到，但我们可以做到"没有最好，只有更好"。

让我们放弃完美，努力求实吧！

为自己的选择作一个长远规划

> 智者曰："两弊相衡取其轻，两利相权取其重。"学会选择就是要你审时度势，扬长避短，用长远的眼光去规划你今天的选择会为你赢来怎样的明天。

人生一旦做出了某种选择，就不要后悔，但也不能盲目，一定要懂得为你的选择做一个长远规划，这样才能更好地为你的选择而努力付出。

任何一种选择后做出的行动，都犹如在爬树。譬如职业，一旦发现树上所结的果实并非自己所需或者上面的枝干已经腐朽时，唯一的选择就是退下来，换一棵树或者朝另一个方向继续爬。在旧树干上爬得越高的人，退下来的难度也就越大，而且越是观望等待，所付出的代价就越大，这就是选择的成本代价。所以，正确的人生态度就是想方设法降低选择的机会成本，为选择作出一个长远的规划。

为选择作长远规划的时候，不能把自己关在家里空想，必须搜集相关资料，针对各种因素做详细的调查，然后认真权衡。有必要的话，还可以向有经验的人请教。

做这样的工作必须慎重，不能止于形式，必须立足现实，实事求是，也不能只是口头说说，最好认真做一份规划书，以备行动参考，将来环境发生变化时，还可以在原有的计划书上做出改动和批复。

做一套测试选择题，测测自己当机立断的能力

> 在人生旅途中，我们会遭遇许多两难的问题。选择就意味着你需要放弃其中一样，可有时我们所面对的并非西瓜还是芝麻这样简单的选择，它有可能是两朵美丽的花、两棵繁茂的树，让你两样都难抛下。如果在选择面前，你犹豫不决，踌躇不前，你连选择的权利和机会都会失去。

试想一下，假如比尔·盖茨依然在哈佛深造，学习课本上已经陈旧的东西，他还有可能革新电脑界吗？也许他会成为一名白领，但不可能成为一个改变世界的人物。本着人生短暂的信念，他及时地作出了选择。这让我们想起张爱玲说的一句话："出名要趁早。"

这都告诉我们：做选择时，一定要当机立断。当然，当机立断的前提是我们用睿智的眼光看清前路的方向。这种当机立断的能力虽有天生的成分，但绝不是全部都是与生俱来的，更多地需要后天的培养和锻炼。不管怎样，首先起码要有一个前提，就是你必须能够清醒地认识到自己是否具备这种能力，以及拥有这种能力的水平和程度。

了解自己当机立断的能力有一个很简单也很好玩的办法，那就是做一做各种测验题，比如测试性格爱好的，这样的题就是测试你对自我的认识能力。

这种题很多，你不要本着玩一玩的态度，随便做几个，这样就失去了测验的意义。最好从网上或者书上找到一套设计科学的题目，按照出题的要求认真地测验。在规定时间内按要求做完这道题，就像平时的各种考试一样认真对待。

最后看看自己是否真的能在规定时间内完成所有的题，自己在每道题上花的时间是否合适，有没有在一些题面前出现过犹豫，拿不定主意，而

过多地在上面浪费时间。这些都是当机立断的大敌,必须引起重视。

分析昨天做题的结果,看看自己在答案取舍时是否认真权衡

> 人生的过程就在于选择,每一次选择也许代表人生的一个转折点或是阶梯,在取与舍之间你认真权衡了吗?你懂得什么才是生命中最珍贵的吗?

拿出昨天做过的那套测验题,重新分析一下做题的结果。可能你能在规定的时间内做完这些题,那么再一次分析由你的答案得出的结论,是否真的切合你的实际,答案中对你的性格的解析你是否认可,认可的又有多少?或者又有哪些是你通过答案才发现自己原来有这样的特点,以前并没有发现,或者以前对自己认识得还不够深刻。

看完最后的答案,再回过头去看每道题及每道题的答案,仔细回忆当时你做题的情形,看看自己在取舍每个答案的时候,是否认真考虑过,是否对它们进行过认真权衡,是不是当时为了追求速度,为了证明自己当机立断的能力,而故意加快速度,随意选择呢?

检查完毕,记得写下心得体会。相信通过这两天的做题和分析做题结果,你自己会对人生有一些感想,甚至是启发,那就赶快记下来,激励自己在以后的人生道路上,在每天实际的现实生活中,在面临一次又一次的选择的时候,懂得如何去规避自身的弱点,发扬自身的优势,在以后的人生路走得更好。

一年应该用心去做的事

想想自己最近的选择是否只贪图眼前利益

> 一个选择也许是为了解决一个问题，我们有没有想过眼前的这个问题解决以后的情况呢？是否还会衍生下一个问题？试着把我们的眼光放长远一点，仔细想想我们的选择能为我们带来什么？能让我们走多远？

当我们做选择时，我们的目光最容易投放的点便是我们眼前就能得到的好处，仿佛只有看得见的才是可以摸得着的，能得到的。别忘了，我们生活在一个变化的世界、一个发展的时代，人不可能没有未来，我们今天所做的一切不仅仅是为了今天暂时的美丽，更多的是为了明天的灿烂。别让眼前的利益阻挡了我们的视线，别让你的选择拘泥于眼前的利益，我们的选择属于明天。

想想最近自己做出过哪些选择？为什么会那样选择？影响自己如此选择的因素主要有哪些？你的主要着眼点是什么？反思一下自己在乎的是眼前能看到的东西，还是未来的希望？我们在做自我剖析的时候，不要自我狡辩，态度必须诚恳谦虚，要敢于揭露内心的怯弱和虚荣。把自己放在一个旁观者的立场来冷静看待和分析自己的内心。

一旦发现自己的短视，马上重新审视和考虑自己的选择，及时矫正自己的一时冲动。

陪最亲的人度过美好的一天

> 生活让我们学会了忙碌，忙碌让我们忽视了身边很多美好的事物，因为长存，因为平淡，所以忘了用心，忘了留意。至少，我们应该多一点关心给至亲至善的人。

今天暂时放下每日的繁忙，什么工作都停下，把所有的时间都留给身

3月　学会选择，懂得放弃

边最亲的那个人，可能是你的父亲或者母亲，也可能是你的爱人或者孩子。不管他们是谁，事先跟他（她）说好，今天一天的时间都是属于他（她）的，问他（她）想怎么度过这一天，想去哪儿，想做什么，不管对方想怎样，都要尽量去满足要求。

或者你想给对方一个惊喜，事先并不说明，等到早上，温柔地告诉对方，想带他（她）去哪，想和他（她）做什么。如果有足够的默契，你应该知道你的至亲有什么样的愿望，今天就是满足他（她）的愿望的一个绝好机会。

也许你的亲人并不需要你有什么特别的举动，只要陪在他（她）的身边就好，你能够留意到他（她）的存在便是最大的安慰和幸福了。试想想，你有多长时间没有陪家人吃一顿饭了？有多久没有和他（她）认真谈谈心了？有多久没有一家人和乐融融地坐在一起看电视了？这些只是很平常的事，可是你却常常忽略，或者有心无力。那么今天就一一实现吧，其实这对你来说也是一种休息和放松，更是难得的享受！

去花店选一盆自己喜爱的花回来养

清代医学家吴尚先曾经说过："七情之病也，看花解闷，听曲消愁，有胜于服药者矣。"根据人的情志、爱好、性格的不同，所处的自然条件与家庭环境的不同，有选择地莳养一些适合自己的花卉品种，可以达到怡情养性、消闷解愁、陶冶情操、焕发精神、增强活力、延年益寿之功效。

赏花之时，悠悠漫步，细细观赏，芳香扑鼻，给人以乐趣，纵有千愁也会顿时尽消。若是自己学会了种植花卉，其间的乐趣，要比单纯的赏花更胜一筹。由于自己花了心思，洒下了汗水，盛开的鲜花更会给你无穷无尽的快慰之感。

想象一下，一枝艳丽芳香的月季花摆在窗前，顿时给人以生机盎然和美的感受；一丛苍郁葱茏的文竹放在案头，立即呈现一派清雅文静的气氛；一盆芳香浓郁的兰花摆在室内，芬芳四溢，令人心旷神怡；一树密枝接挂的金橘，硕果累累于小巧中见到丰硕。花，赏心悦目优美动人；花，历来为人们视为吉祥、幸福、繁荣、团结和友谊的象征。

居家养花，乃怡情之首选。养花，还要学会选花，选择适合自己的花卉品种。走进花店，你可能会被品种繁多的花卉弄得眼花缭乱，不知从何挑起。这个时候，你可以请教花店老板或者店员，让他们帮忙介绍各种花的特征和功效，以及如何去养。如果你觉得让别人一一介绍太费劲，可以直接告诉店员你喜欢什么特征的花，你养花的主要目的，以及你能为养花付出多少时间和精力。然后，店员会根据你的描述介绍一些花种给你，这时候，你就可以根据你的感觉来选择，相信这个时候的选择应该容易多了。

养花也有养花之道，许多养花爱好者由于不得要领，而把花养得蔫头蔫脑，毫无生气。所以，养花切忌随心所欲，必须要得其要领。而一要细心呵护，对这些美丽的生命应有细心和勤勉的态度，勤动脑，多钻研钻研养花的知识，勤动手，记得经常浇水施肥。二要爱心适度，对花不能爱过了头，不能经常摆弄，胡乱施肥浇水，打乱其正常生长规律。

放下爱得太辛苦的人

> 爱得太辛苦就会少了甜蜜，多了伤痛。放下手，放下爱，才会有新的幸福等着自己。若苦守，若委曲求全，只会让彼此离快乐和幸福越来越远，不如放手，或许就在那一刹那，你会赢来一片明净的天空。

如果你爱得太辛苦了，就放下吧。也许仍有留恋，也许仍舍不得放手。但要告诉自己，学会放弃，学会还自己一份轻松，还自己一份快乐。

当你可以把爱放下，说明你累了；当你可以把爱放下，说明你倦了；当你可以把爱放下，说明你伤了；当你可以把爱放下，说明你成熟了；当你可以把爱放下，说明你哭过了；当你可以把爱放下，说明你笑过了；当

3月　学会选择，懂得放弃

你可以把爱放下，说明你真的拼过了；当你可以把爱放下，说明你曾经为了心中的那个他（她）用心过；当你可以把爱放下，说明你心碎了。

心碎了，醉了，人累了，倦了，但我们幸福过，对吗？既然现在已经觉得太辛苦，那就选择放手吧！

放弃追逐不到的梦想

> 梦想的实现，贵在坚持，但也要看追逐的路途是否太遥远太崎岖，以致无法达到。放弃梦想，是一种钻心的痛，但为了能够更好地生活，我们必须学会忍痛割舍。

梦想也要建立在现实的基础上，这样才有实现的可能性。但人们往往站得太高，看得太远，这只能一路追逐梦想的影子，而始终抓不住、摸不着，还把自己累得筋疲力尽。如果是这样，何不干脆放弃那些根本追逐不到的梦想，重新建立一个更有现实意义的梦想呢？

强迫自己忘记那遥远的美好，那看不清楚的美好，收回你那因伸得太长而发酸的脖子，放低你那因抬得太高望得太远已有些发痛的双眼。告诉自己，那不属于自己，那只不过是你生命中的一个幻影，用虚幻的美丽诱惑着你，让你在迷途中劳累自己的心灵。所以，明智的我们，必须学会迷途知返，放弃这些沉重的包袱。

放下所有的工作和其他事宜，找个地方清闲一下

> 忙里偷闲，寻找一份夹缝中的轻松和快乐，对忙碌的人生是一味绝妙的调味剂，偶尔的品尝，在瞬间的神清气爽中享受人生的怡然自得。

每天都有做不完的工作和事情，很久没有好好放松一下了，心里虽然

很想轻松一下，但又放不下手中的活。试问一下自己，是不是这样？人生也要学会享受，对自己好一点，今天就放下这一切的工作，不管它们有多重要，找个地方清闲一下吧。要知道，偶尔的放松，也是为了接下来能够精力充沛地投入工作。

在什么地方轻松倒不是最重要的，关键是要放得下一切的繁忙，不只是身体离开，手中放下，心也要放下。既然出来了，就要把整个身心都投入到轻松愉悦的休闲中去，否则，人在外面，心里还想着，焦急不安，还不如干脆别出来，出来就是为了放松。

既然下定决心全身心放松，就要事先把事情安排好，比如把留下的工作做个记号，跟合作的同事交代清楚，如果有必要，跟领导也汇报一下，以备明天上班接手的时候能够很快进入角色，投入到具体的任务中去。把这些工作都安排好，相信你也没有任何后顾之忧了，这样就可以放心地休闲。

放下你不该忙的事

> 人生就像一只在春天里忙碌的蜜蜂，为了自己，为了人们能够得到香甜的蜂蜜，而忙碌着。怕就怕一不小心采摘到有毒的花粉，而毁了自己的一生。

你是否觉得你每天都在忙碌不停，为工作，为生活，为其他很多很多的杂乱无章的事。这么多事你都忙出头绪来了吗？是不是每件事都是你必须或者应该去忙的事？是不是每件事都对你的人生，对你的日常生活有或

3月　学会选择，懂得放弃

多或少的意义？这里面肯定有一些事把你的生活搅得一团糟，把它们都揪出来，停止对它们的操心和劳累，把它们抛到你的生活之外。

可能你不是很清楚什么事是你不该忙的，反而把一些你应该做好的事丢在了一边。比如你为了挣一份外快把自己的本职工作给耽误了，恐怕这就有点得不偿失了吧。又比如你很关心某人，为他做各种事，操各种心，说不定人家自己早有打算和安排，你的这些付出对他而言没有任何意义，你说你这不是白忙乎一场吗？

仔细想想，你的生活中这样类似的事情有哪些？如果有，赶快停止吧，越早停下来越好！

买一件你从来不会选的颜色的衣服

> 大多数人都是根据自己的惯性作出选择，这样的选择总是缺乏创意。往往，打破习惯的新选择，别样和另类点缀的人生会焕发出奇异的光芒。

每个人都有自己喜欢的颜色，打开你的衣柜，是不是基本上都是一个风格，一个色系，这就是我们的惯性，也是我们的喜好。所以，有时候当我们看到某种样式和颜色的衣服时，就会想到某个人。

有没有想过尝试一下别的款式和颜色的衣服？试一试吧，看看什么感觉，说不定也很美妙。走进商场，让自己的眼睛跳过那些平时常选的颜色，专注于那些平时被自己忽略和排斥的颜色。挑出几件自己喜欢的，或者干脆就挑自己平时几乎不能接受的，试穿一下，然后站在镜子前面看看效果如何。最好带上几个同伴,让他们帮忙参谋参谋,看看自己在别人眼中的感觉。

　　综合比较和考虑之后,下定决心买下一件你最满意的。不要犹豫,不要迟疑,相信这样做的价值,明天你在大家眼中会是一个全新的你,原来你也是可以变化的,原来你也有这样的一面。给大家和自己一个全新的感觉,就只是换一件衣服这么简单,你明白了什么深刻的人生道理吗?有些事情的改变和转折其实很简单,创新其实也是这样,一小点的改变和新意,便可以让事物发生质的变化,有时候,事情就是这么神奇。

第二卷

夏之悟

——拼搏的岁月

酝酿一串串希冀的结晶,
迎来了,
漫山遍野的葱翠鲜绿和姹紫嫣红,
放飞一对对梦想的翅膀,
唤醒了,
沉睡心底的盎然生机和澎湃激情。
人生海洋里,
飘扬的风帆,
架着远航的生命之舟,
乘风破浪,
风雨彩虹。

4月

诚信处世，大得大赢，营造友善天空

　　如果春天没有七彩的阳光，就不会有蝶儿的满山翻飞；如果人间没有诚信，那就是一个苍凉而荒芜的世界。诚信，如同一轮明月，普照大地，以她的清辉驱尽人间的阴影，她散发出光辉，可是，她并没有失去什么，仍然那么皎洁明亮。诚信待人，付出的是真诚和信任，赢得的是友谊和尊重；诚信如一束玫瑰的芬芳，能打动有情人的心。无论时空如何变幻，她都闪烁着诱人的光芒。有了她，生活就有了芬芳，有了她，人生就有了追求！

4月　诚信处世，大得大赢，营造友善天空

跟朋友说说最近的烦恼

> 朋友之间不只是要分享快乐，更重要的，还要分担烦恼和忧愁，这才是友谊的真诚和珍贵之处。不要把满腔心事都憋在心里，自己一个人默默吞咽，这种感觉很苦很闷。烦恼需要倾诉，有些事情说出来就好了，心情其实只是需要一个出口，一个发泄的出口。

找一个信任的朋友，给他打电话，约他出来，就说想找他聊聊天。诉说烦恼不一定非得一把鼻涕一把泪，好像这样才能营造某种气氛似的。放松心态，平静地娓娓道来，烦恼也会如涓涓细流，从你的口中慢慢流出。不然，如山洪暴发一般，会在顷刻之间决堤，变得一发不可收拾，不但让你自己无法平静，可能还会吓着身边的朋友。

跟朋友诉说的时候，不要顾及太多，如果害怕暴露自己的弱点，那你的烦恼只会永远在你内心深处，无法走出。

朋友的安慰和鼓励，你要用心倾听，并要诚恳地接受，不要顽固偏执地坚守着那份苦恼，否则也就失去了倾诉的价值。倾诉不是为了把烦恼倒给别人，然后两个人一起把烦恼一分为二地分担，而是要让烦恼化为云烟，消失在九霄云外。这才是倾诉的目的和初衷。

一年应该用心去做的事

跟朋友探讨怎样克服自身的弱点

> 很多人一面感叹社会的冷漠,感叹人与人之间的隔膜,一面又在朋友面前刻意掩饰自我。殊不知,社会是人的社会,想让社会变得温馨融洽,那就先从自己做起吧。

人与人之间需要的就是赤裸裸的真诚相待。真诚、坦率、机智是人生的三大法宝,恰当地运用它们,不仅可以打破困窘,而且能够真实地表达自己的诚意,成为事业和生活取得成功的得力武器。

对朋友,不用刻意掩饰,哪怕是你最脆弱、窘迫的一面,这样反而能赢得朋友的信任,因为信任总是相互的。你自己可能总在苦恼如何克服自身的弱点,那么,就跟朋友一起认真探讨一下,也许站在旁观者的角度,他会有很好的建议。也许你对自己的弱点还认识得不够,那就应该诚恳地请求朋友对你作一个客观的评价。作为朋友,他一定会给你提出一个最佳的改善缺点的可行方案。

最后达成一致意见后,为了慎重起见,你最好拿出纸和笔,将以上方案记录在册,以备行动之需,作为一种指南,时时遵照。

按时赴约,做个守时的人

> 守时是一种观念,更是一种素质,一种修养,是一个人信誉的体现。诚实守信的人,在任何情况下都会努力按时赴约。

时间的珍贵是无法衡量的。古往今来,时间吝啬而又公平地分给每个人一天24小时。对于我们每个人来说,时间就好比是生命。鲁迅先生曾经说过:"浪费别人的时间就好比谋财害命。"

守时能够给人以良好的印象。每一次你的守时,都会在对方的心坎里

4月　诚信处世，大得大赢，营造友善天空

烙下一个坚实而又深刻的脚印——你是一个值得交的朋友。守时，不仅节约了自己的时间，也为自己赢得了一个又一个的朋友。

因此，每次约会，我们一定要做到按时赴约。和朋友约定时间的时候，一定要认真考虑清楚那个时间你是否能到达，不要随口就答应。约定时间后，就不要因为其他的事情耽误这次约会，除非真的有非常重要的急事。有急事不能按时到达，必须提前通知对方，另约时间，不能因为事情紧急就将约会的事暂时搁置一旁了。要知道每个人的时间都很宝贵，不可白白浪费别人的时间。

守时，多么简单的两个字，遵守时间，遵守约定。然而它的意义深远，它为你的道德修养和信誉证书盖上了一个鲜红的印戳。

想想近期自己的所作所为，做做自我检讨

> 当一个人开始在前进中反省过去、拂拭历史尘埃、检点自己污点时，也正是他寻觅原来不曾发现的宝石，并从此走向新生与繁荣的时候。

经营之神王永庆先生曾说过："检讨为成功之母。"失败不检讨，只会继续失败。人非圣贤，谁能无过。犯错并不可耻，恐怖的是犯同样的错。

大凡成功的人，他们都有一个共同点，就是有经常思考的习惯，他们经常做自我检讨，改善自己的弱点，想办法提升自己的能力。

找个独我的空间，想想自己这段时间的所作所为，有没有一些违背自己做人的原则的事？如果有，当时这样做的动机是什么？是迫不得已还是自觉自愿而为？又有没有一些伤害到别人的事？如果有，当时有没有意识到？事后有没有采取一些善后行动？

从一些具体的事例中找出自己为人处世的弱点，可能有些是自己长期以来的苦恼，可能有些是不经意间才窥见的，不管是什么，都应该引起足

够的重视，人生便是这样，要学会不断地剖析自我，然后完善自我，让自己学会更好地去生活。

如果害怕自己会忘记，可以准备一个备忘录，写满自己应该注意的事项，这样做的目的首先是让自己能够引起足够的重视，而后更重要的，是让自己时时警醒，人生的错误不要再犯第二次。

自我检讨也是诚实守信的重要保障条件之一，道德是一种自我约束，而自我检讨更是一种高度自觉性的自我约束行为，只有时常在自我检讨中升华，才能保证自己不逾越道德的防线，永远做个诚实守信的人。

收回想说的伤害别人的话

人与人之间常常因为一些彼此无法释怀的坚持，而造成永久的伤害。不要轻视伤害的话语，它有可能给别人造成永远的伤痛，如果你想说，请收回吧！

伤害的话语一旦说出，无论你说多少个对不起，伤口都将无法完全愈合，永远都会留下一道瘢痕，留在别人的心里，隔开了人与人之间的友善和融洽。

也许对方的态度很让你受不了，但是告诉自己忍一忍，一定要忍住。在说某句话之前一定要认真地想一想这句话一旦说出，会给对方造成什么样的感受，会给自己，会给你们之间的关系造成什么样的影响。冲动是魔鬼，人说话做事都需要理智，这就是人和动物的区别。凭冲动做出来的事往往都会让人后悔，譬如伤害别人的话。也许你只是凭当时的一时怒气，你们之间并没有多大的仇恨，可能等你说完，怒气也就消了。可是对别人也许并非如此，有些人天生敏感脆弱，你能想象你的这些话对他们会造成什么样的伤害吗？也许你一辈子都无法弥补。

所以，张口之前要及时告诫自己，不要因为愤怒和恼恨而随便发泄你的情绪，也不要因为别人的伤害而变本加厉，因为伤害只会越来越大，无法弥补。如果我们能从自己做起，开始宽容地看待他人，相信你一定能收到许多意想不到的结果。帮别人开启一扇窗，也就是让自己看到更完整的天空。

4月　诚信处世，大得大赢，营造友善天空

把新认识的朋友介绍给老友

> 结交新朋友，不忘老朋友，生命处处充盈着友谊的温暖，何愁快乐、幸福无处寻，何愁人生路途太遥远。

你可能和某位新结识的朋友有一见如故之感，不过千万不要因为新朋友而忘了老朋友。朋友之间是缘分，在缘分的天空里，珍惜缘分，不只是懂得当缘分来临时，要及时抓住，也要学会维系缘分。

告诉你的老朋友，你结识了一位新朋友，觉得他不错，问老朋友是否有兴趣大家认识一下。这样做会让老朋友感觉到你对你们之间的友谊的珍视，也会很乐意结识这位新朋友的。

把新朋友带进你的生活圈，也会让新朋友感觉到你对他的认可，你的真诚会让他感动。相信自己，这样做没错的。

这样做的过程不必特别的正式，你可以约大家一起找个地方喝喝茶、聊聊天，这样自然就认识了，熟悉了。

送一件珍藏多年的礼物给你最好的朋友

> 人的生活，离不开友谊，但要获得真正的友谊并不容易。它需要用忠诚去播种，用热情去灌溉，用原则去培养，用谅解去护理。真正的友谊，必须舍得付出。

如果你舍得把你最为珍爱的东西送给朋友，这足以证明此朋友在你心目中的地位。对朋友，只有舍得付出，才能赢得最真诚的友谊。

也许这件物品已伴随你多年，让它离开你，的确于心不忍。但相信真正的朋友会像珍惜你们之间的友谊那般珍惜它的。你之所以如此珍爱它，一定有个动人的故事，在你心里，或者代表了你过去某段时期的心情故事。

既然决定送给朋友，那么在将它送给对方之前，向对方讲述它的历史和你心中的故事，说出你对它的感情，相信你的朋友一定会很感动，也会因此代替你用感情来珍藏它。

也许对于这件礼物你有独到的保养之道，传授给你的朋友，并告诉他一些注意事项，如果很重要，而且比较复杂，最好记录在册，交给朋友保存。

既然决定送出，就一定不要因为不舍而犹豫，更不要在朋友面前流露出留恋的神色，这样会让朋友心里不安。要送就要大大方方地送出，开开心心地为友谊付出。

和朋友约定，今天必须做好某件事

> 真正的友谊——十分理智的友谊，是人生的无价之宝，你能够对自己的朋友守信，永远无愧于他，那将是对你性格、灵魂以及道德的最高考验。

今天有哪件事是必须要完成又没有动力去做的，那么就和一个可信赖的朋友约定，今天彼此都要做好某件事。彼此必须认真把各自的事情向对方交代清楚，包括事情的具体内容、目前的进展情况，以及你计划今天完成多少。

在心里认真记录朋友所交代的他的事情，保证认真监督他的进程，同时要求对方也同样对自己严格要求。然后大家约定当一天结束的时候，再互相检查对方的工作成果。

彼此约定好后，为今天的行动做一个具体的计划，部署行动方案，包括每一个环节的要点。计划完后，就开始具体的行动，行动的时候，必须发挥实干精神，切忌偷工减料，企图利用朋友对你的工作的不了解来蒙混过关。

如果行动过程遇到困难，想要放弃的时候，认真想想和朋友的约定，你一定不想在信赖的朋友面前失信吧。如果到时候朋友按时按量完成，而你却半途而废，那是何等的羞愧！

> 4月　诚信处世，大得大赢，营造友善天空

行动必须善始善终，当一天结束，按照约定互相监督，切不可两人同时懒惰逃避，因为没有完成便互不提起，让事情不了了之。如果朋友没有提起，你也要主动提起行动计划，即使你没有完成任务，这是个诚信问题，是人格问题。

如果你没有完成任务，跟朋友交代清楚原因，并作出深刻自我批评，以示你对你们约定的重视和歉意。

不给自己任何借口，把拖了很久的一件事做好

> "明日复明日，明日何其多。我生待明日，万事成蹉跎。"要想不荒废岁月，干出一番事业，就要克服做事拖拉这个坏习惯。

拖拉者的一个悲剧是，一方面梦想仙境中的玫瑰园出现，另一方面又忽略窗外盛开的玫瑰。昨天已成为历史，明天仅是幻想，现实的玫瑰就是"今天"。拖拉所浪费的正是这宝贵的"今天"，这样他的生活必然是：陷入焦虑，拖拖拉拉，自以为"突击是完成任务的妙法"，结果，时间压力给人带来一个又一个的焦虑，天天在着急上火中生活。

让缺点合理化是拖拉者的一个最大退路，是找借口为自己开脱。也许你经常会说："要是再有一些时间，我肯定能搞得再好点儿。"而事实是，许多事情是很早就部署下来的。

那么，今天就别再给自己找这样的借口，开始着手干吧。你会发现这其实只不过是举手之劳的事，只不过因为你的拖延，让其成了一个紧迫问题，在你最紧张的时候来抢你宝贵的时间。

既然决定动手，就不要像平时那样，逃避费力气的部分，先干一些简易的琐事，让它们占满你的分分秒秒，而又把困难拖到最后再说。倘若又是这样，你必定又会重蹈覆辙，把平时逃避的困难又拖到了明天。你之所以会逃避这件事，必定是因为它其中有困难的部分。所以，你必须着手其中最困难的部分，逼迫自己不再逃避，抬起头来面对，拿出实施的勇气。等把最棘手的部分完成之后，接下来的任务就很轻松了。当然，也不要因

为剩下来的任务简单,就放松精力,甚至留待明天。倘若这样你就又陷入了拖拉的泥潭,只是这次不是因为胆怯而逃避,而是因为轻视而搁置。

最好的办法是一气呵成,把所有的问题都一次解决,不要有任何遗留。只有全部完成才可以完全放下,让所有事告一段落。

翻出电话本,给久未联系的朋友打个电话

> 不要靠馈赠来获得一个朋友。你需贡献你真挚的爱,用正当的方法来赢得一个人的心。友谊也需要细心的呵护和经常的问候,不要因为忽略而把友谊丢弃在被遗忘的角落。

不知你有没有发现,大部分人在某一阶段都有某一阶段的朋友,经常联络的也只是此时此刻的一些朋友,而那些已经时过境迁的朋友也许大部分只是留下了一个电话号码保存在了电话本里。朋友如果久不联系,真的就会遗忘的。

今天留出一些时间,其他什么事都不做,专门用来给一些久未联系的朋友送出友好的问候。拿出电话本,一个一个仔细地对照,看看哪些朋友已经太久没有联络了,想想最后一次联络是什么时候,是因为什么而联络,彼此都说了些什么。这样的朋友也许比较多,加上时间比较久远,一时也想不起那么多,没有关系,能想起多少是多少,回忆的空间能让你找到一点友谊的温情,激起你想知道对方的近况的急切心情。

按照电话本里记录电话的顺序一个一个问候,问候很简单,不一定要说什么惊天动地的大事,也不要因为有求于别人才想起问候,这样的问候太功利,会让人心存芥蒂。所以,今天的问候只宜简单,表达你对对方的关心和祝福即可,如果你真的有所求,也最好留做下次联系再说。

4月　诚信处世，大得大赢，营造友善天空

可能有些朋友的电话号码已有变化，而没有及时通知你，如果有人的电话打不通，做下记号，留做事后再想办法询问；还有些人此时电话忙，也要做下记号，等联系完其他人再回过头来继续拨打，千万不可搁置一旁，不再理会。我们做一件事就要尽力做到圆满，要用诚心来做，尤其是对待友谊，千万不可敷衍，不可功利，否则，就会滑出友谊的轨道。

想办法与儿时的好友取得联系

> 一段友谊，是一种记忆，更是一笔财富，珍惜你生命中的每一笔财富，就要想办法把不小心遗失的财富寻找回来。

儿时的记忆，肯定包含了儿时的友谊，纯洁的童年，友谊也是纯洁无瑕的，所以才显得珍贵。如果还能找回儿时的这笔财富，付出多少代价都是值得的。

回忆一下儿时的好友，你们是什么时候开始中断了联系？是什么原因而失去了联络？最后一次联系时你们彼此之间都留下了什么，是否有可作为如今的线索的信息？你们之间是否还有共同认识的人，问问他是否还能联系到你的朋友？

利用这些线索想办法四处打听，从蛛丝马迹中寻找到有用的信息，这需要我们的耐心，可能很多人会因为一次又一次的失败而深受打击，变得沮丧。所以，首先必须做好充分的思想准备，这个工作可能不会很轻松，在茫茫人海中寻找一个人，实在不是件容易的事。

如果利用各种和过去关联的线索仍无法找到你的朋友，别绝望，别忙着放弃，想想我们现在处在一个怎样的时代——信息时代。现代信息科学的发展为我们提供了各种便利的条件，网络、报纸、电台等都是重要的传播和收集信息的媒介，通过这些媒介发布你的寻人启事，相信很快便能找到你要找的人。

什么方法，什么途径，全看你自己的选择，如果你有诚意，相信你一定会想方设法地找到你想要找的人。真的，关键就是看你的诚意是否足够。

主动与陌生人攀谈

> 许多人和陌生人相处时总是感到窘迫。其实，只要你大方地首先伸出你的双手，对方一定会给你热情的回报的。

我们的生命中总会来来往往许多的陌生人，既然有缘相遇或是相处，就要学会珍惜，学会创造共同的快乐，那也是我们人生旅程的一部分，是我们生活的点滴。想要拥有时时处处的友善氛围，就得先伸出你的手，露出你的微笑，你的世界会因你而改变。

也许你今天在长途旅行，长途车上一定有陌生的同伴，不要先等别人来跟你打招呼，主动说一句你好就可以开始你们的攀谈。跟陌生人聊天其实是最轻松的事，首先从互相的自我介绍开始，或者根本不用自我介绍，随便就一个话题讨论。跟陌生人聊天不用顾虑太多，因为彼此的不熟知，你可以随意地发表自己对某事的看法，不用去担心对方对你的看法，因为他不是你生活中的重点。

也许你如往常一样上下班，那么在你无聊地等车的时候，在你坐车快要睡着的时候，在你孤寂地用餐的时候，都可以和你身边的那个不认识的人随便聊聊。短暂的聊天更随意，想到什么就说什么，等车就说等车的焦急，坐车就说车窗外城市的景象，用餐就说饭菜的口感，诸如此类，不为别的，总可以为你打发这些无聊的时间。而且，友谊的产生有时候就是在不经意之间，所谓缘分，就是这种偶然间的获得。所以，也许你一句简单的问候，便可以结交一个不错的新朋友，何乐而不为呢？

留意你不喜欢的人的优点

> 每个人都有优点和缺点，而你看到的是哪些呢？一个人在你眼里的形象，也许全在于你的发现，你是用优点去掩盖缺点，还是用缺点去掩盖优点。

4月　诚信处世，大得大赢，营造友善天空

每个人都有自身的"黑点"和"白板"，也许因为"黑点"的醒目，你常常忽略了那大片的"白板"。其实每个人必定会有很多的优点，换一个角度去看吧！这样你会有更多新的发现。那些发现必定会让你想从心底里笑出来，对着所有人，对着你的世界，这世界也会因为你的笑而变得格外的亲切和友善。

换一种眼光吧，多留意别人的优点，尤其是你不喜欢的人，你一定会有很多新的发现。

站在与你敌对的人的立场上想一想

> 很多事情因为不是发生在你身上，所以你看不到，也想不到，因此，试着站在别人的立场上看一看吧，也许，你就会多了一些宽容与理解。

同样的状况，站在不同的角度去看时，就会产生不同的心态。

站在别人的立场看一看，或换个角度想一想，很多事就不一样了，你会更加的包容，也会有更多的爱。是的，这样很难，很多人都做不到，或是忘记了、忽略了，但是只要你拥有一颗善良的心，一颗友爱的心。

如果你想让你的世界有更多的包容和关爱，那么，你就可以做到，其实很简单，只需要暂时把别人当作自己。

尤其是与你敌对的人，站在他的立场上看看你们之间的敌对，看看你平时的态度，看看你曾对他做过的一些事，也许很快就能够理解他为何与你的敌对。因为从他的角度看，你可能的确做得比较过分，让他无法理解，无法忍受。这样换角度的结果，可以让自己用另一种眼光审视自己的所作所为，避免陷入自我的泥潭不能自拔。

这是个自我剖析和自我完善的过程，如果你这样做了，你一定会发现受益匪浅。

想想身边哪些人被我们忽略了

> 你怎么看一个人,那人可能就会因你而有所改变, 你看他是宝贵的,他就是宝贵的。一份尊重和爱心,常会产生意想不到的善果。可常常的结果是,你的视线在那人身上停留得太短,以至于还来不及思考。

我们身边出现的人太多太多,有些也许只是匆匆一现,你还来不及在意,就已消失在你的视线以外。可是,朋友,你有没有那么一个时刻,认真地,用心地,看待过这些匆匆的过客呢?甚而是你生命中的"常客",也许你会因为熟悉而变成一种麻木的漠视。别忘了,每个人都在渴望被人尊重和重视,包括你自己,不信,问问你自己的心。所以朋友们,不妨用心看待这个世界,用心去尊重每一个人及自己,你将会发现,自己及周遭的人都有着无穷的潜力。

所以,找个空间,认真想想身边有哪些人常常被我们忽略,尤其是每天在你的生活中出现的人。这样的人,往往是你的亲人、朋友、同学、同事,因为常在你眼前晃动便变成一种漠视,也许其中有些人,一直在为你默默付出,你却因为天天享受而认为是理所应当,忘了给予回报。

认真想想吧,仔细留意,你会惊异地发现他们每个人的存在价值,原来他们对于你来说,是那么的重要。懂得珍惜,懂得回报,才会让我们的人生无憾。

4月　诚信处世，大得大赢，营造友善天空

委婉地指出朋友的缺点

> 真正的朋友，不只是懂得互相欣赏，还要经常互相提醒，以发现自身的弱点，共勉共进。

如果你发现了某位朋友的缺点，不要觉得不好意思提醒而憋在心里，找个机会，提醒对方。

这样的机会，在于你自己去发现或者创造，一定要采用一个对方能够接受的方式。如果你的朋友豁达开朗还好，如果对方性格敏感脆弱，就一定要考虑对方的承受能力。但要相信，你的善意的提醒，对对方而言，绝对是受益匪浅的。所以，不要因为害怕对方不能承受或者影响彼此之间的和谐相处而置之不理，如果你们是真正的朋友，就不应该有这样的顾虑。

你可以先主动问对方，有没有发现你有什么缺点，鼓励对方大胆说出来，不用担心你不能接受，等对方说完之后，你再接着说你也发现对方有什么样的缺点，这样就显出彼此之间的尊重。

最好的机会是对方在某件事上又暴露出某个缺点，此时你就可以当场提醒，这样显得更加自然而具有说服力。但这样的机会需要你用心去捕捉，如果你真的对朋友真心，那么今天就认真的关注对方，找寻这种难得的机会，瞅准时机，及时提出。

或者你可以干脆找个时间和对方谈心，说说彼此最近的心情，利用这样的空间，温柔地提醒对方，这也是任何人都可以接受的。

总之，采取什么样的方式，在于你和朋友相处的默契，在于你们之间和谐的程度，在于你们彼此的性格，相信你会找到适合你们相处的最佳方式。

微笑着表达你的善意

> 对人微笑是一种文明的表现，它显示出一种力量、涵养和暗示。微笑是一种宽容、一种接纳，它缩短了我们彼此的距离，使人与人之间心心相通。

如果说行动比语言更具有力量，那么微笑就是无声的行动，它所表示的是："我很满意你、你使我快乐、我很高兴见到你。"笑容是结束说话的最佳"句号"。

卡耐基说："笑容能照亮所有看到它的人，像穿过乌云的太阳，带给人们温暖。"的确是这样，喜欢微笑着面对他人的人，往往更容易走进对方的心底，微笑是一个人好意和友善的信使。

那么，今天就对你身边的每一个人微笑吧，这样保持一整天。不要等着别人对你表示善意，要先对别人表达你的好意。如果你没有表达错误的话，认识你的人会对你的改变感到惊讶，而不认识你的人也会认为你是一个特别温和、友善的人。

和亲密爱人交换日记

> 英国有句名言："不信任朋友比被朋友欺骗更丢脸。"信任朋友，就应该懂得彼此分享心事，只有走进对方的内心世界，才会真正了解和理解对方，对待爱情更应如此。

如果你想告诉你的爱人你的某些心事，但又找不到合适的表达方式，交换彼此的日记会是一个不错的选择。

交换日记需要彼此之间绝对的信任，如果害怕对方知道你内心的秘密，害怕没有隐私，害怕影响彼此以后的和谐相处，那你还是不要冒这个险。

交换日记需要心胸的坦荡和平静，交换日记是为了分享彼此的欢乐忧

4月　诚信处世，大得大赢，营造友善天空

愁，爱人之亲密在此可见一斑。

交换日记的前提是双方的自觉自愿，不可一方一厢情愿。所以，首先要试探性地问一下对方的意见，切不可蛮横地要求对方。即使是亲密如爱人之间，每个人也有保留自己隐私的权利，所以，对这种事还是要慎重处理。

获得对方的欣然同意之后，便可以开始认真阅读对方的心情记录。阅读的心态要摆正，交换日记的目的是增进彼此之间的更深入的了解和理解，是为了让感情更加融洽和谐，不可抱着探究对方隐私，甚至想抓对方小辫子的心理，这是爱人之间和谐相处的大忌，因为你首先就抱着一种不信任对方的态度。

如果你发现对方有什么心结，就要及时用你的爱心劝导和感化对方，让对方感到时时刻刻有一个人在自己身边支持自己，这是人间最大的温暖。同样，你也会感觉到来自对方传递的爱心和温暖。

幸福就是这样，在于付出，也在于获得。

和某人共同回忆过去的某个日子

> 重温昔日的美好点滴，心系一份美丽的心情，细细品味。品味那一瞬间的感动，品味那一刹那的惊喜，品味那铭心的痛、那苦涩的忧虑、那开心的笑，那是种难得的惬意。

回忆是美的，也可以与人分享，比如找个人和你一起共同回忆过去的某个日子。这个人可以是那天和你共同经历某件事的人，也可以是另外一个。

如果是那天和你共同经历某件事的人，你们共同回忆那天的场景，你一言我一语，共同描述当时的情节，然后说说当时自己的心情，以及现在的感受。从回忆中你们有什么样的启示和感悟也许是最重要的，回忆不能仅仅停留在过去的某一点，毕竟过去的已经过去，回忆是为了怀念，更是为了前进。

这种回忆的过程，会让你们找到你们感情的轨迹，感情也会在这种回忆中慢慢沉淀，甚至升华。

如果这个人和你没有什么共同的回忆，过去的时间里彼此还没有在对方的生命里出现过，那么，你们可以约定一个过去的时间，各自回想一下那个时间你们都在做什么。这样回忆的过程很有趣，也许你们在做类似的事情，然后会感叹缘分的奇妙；也许你们在做非常迥异的事情，你们也可以从对方的人生轨迹中感叹生活的瞬息万变，从而激发与时俱进的动力和决心。

和好友交换衣服穿

> 真正的朋友是可以拿心与心来交换的朋友，更别说是那些身外之物了，和朋友交换物品使用，会是件很有意思的事情。

好友的衣服中一定有你比较欣赏的，反之亦然，你的衣服中也有对方比较欣赏的。那么，跟他约定，今天两人交换衣服穿一天。你们的所有衣服都随便对方挑，挑中彼此中意的后，两人可以穿着对方的衣服结伴而行，出游或者逛街。或者各行其是，各自办各自该办的事。

穿着好友的衣服出现在你其他的朋友面前，看看他们会有什么样的反应。是否觉得这件衣服不同于你以往的风格，是否会觉得你尝试这样的风格也不错，或者并没有什么异常的反应，因为和你以前的风格并无二样，其实这是在考验你和你的好友之间的默契。

当一天结束，彼此分享一天的感受。告诉对方今天的收获，别人对自己的打扮的评价，尤其其他人对好友衣服的赞美。这真是件让人很兴奋的事，因为每个人都期待别人能对自己有好的评价。

5 月

留住美德，学会宽容

　　当我们看到一个人整天都能笑容满面地对待身边的人和事，哪怕是极其微小的花草树木时，我们就能想象到他是个多么幸福的人。正是因为懂得宽容和忍耐，笑容才会如此的恬静而动人。

　　生命短促，唯有美德能流传到遥远的后世，遵循美德行事，纵使没有更加快乐，也可减轻焦虑。当生命走到最后，我们是不是该仔细想想，自己到底为这个社会、为我们的人生留下了什么，倾注一生精力，是否已经找寻到生命中的宝石。

成全别人的快乐和幸福

> 真正的美德如河流,越深越无声。成全他人的美好,然后在心里默默为他祝福鼓掌,你会得到一种无法比拟的快乐。"成人之美"不但是一种修养,更是一种无声的美德。

《了凡四训》中提到:人在日常生活里,要随缘尽力实践善行,十例之一,就是"成人之美"。

成人之美不必是惊天地泣鬼神的大事,平时为他人做一件好事,帮别人说一句好话,助别人一臂之力,给别人一点因缘,都是成人之美。成人之美的人,必定有一种对别人的尊重和对自我的谦卑,他跟别人不太计较,甚至视人如己。如现在的器官捐赠,政治上的荐贤让能,乃至佛教的结缘,都是成人之美。

从今天做起,从小事做起,多给人一句祝福、一句鼓励的话,开启成人之美的大门,这必然给我们以继续努力的动力,定能让我们体会到更多的人生之美与乐。

成功不必在我,别人的成功,只要是好事,就尽力去帮衬,做一个"成人之美"的人,自己也与有荣焉,何乐而不为呢?

搀扶老人过马路

> 尊老爱幼是人类敬重自己的表现。老吾老,以及人之老,幼吾幼,以及人之幼,尊老爱幼应从身边随处可见的小事做起,包括你遇到的每一位老人及小孩。

小时候写作文,总是会拿扶老人过马路、给老人让座等诸如此类的好人好事作为素材,不管你以前是否真的这样做过,起码在大家的心目中,这样的事的确能体现一个人的美德。

不要认为这样的事很难碰到，要你留意，就会发现大街上行走不少老人，有些甚至已经头发花白却依然精神抖擞地拄杖而行，你在钦佩感叹的同时，完全可以上前扶他们一把，这是你力所能及的。

今天上班下班走在马路上要过十字路口的时候，环顾一下四周，看看人群中是否有需要帮助的老人吧！

看到需要帮助的老人，赶快走到老人身旁，轻轻搀扶，说声大爷或大妈，小心一点。红绿灯时间短暂，车多人多，扶着老人的你，要注意两旁的行人和车流，还要配合老人的步伐，不要光顾着自己而大步流星。

这真的是一个非常短暂的过程，你可能还来不及和老人说上三言两语，过马路的过程已经结束了，最后别忘了跟老人说一句，"一路小心"。

宽容某人的过错

> 多一些宽容，人的生活中就会多一份阳光，多一分温暖。宽容别人就是解放自己。只要我们远离妒忌和怨恨，就会远离痛苦、绝望和愤怒。

"宽恕"就是对别人的过错能有所包容，也唯有心胸开阔的人才做得到。心胸开阔的人，会适时体谅别人的难处，宽容别人的过错。

就好比自己犯了过错，心中难免懊悔，总希望别人能原谅自己，能有补救的机会，从此不再犯错。将心比心，别人何尝不是这样想呢？如果我们能设身处地去体会别人渴望得到宽恕的心境，就能领悟到"宽恕"的意义和价值了。心胸开阔的人，不但能安抚别人不安的心，更能提供给不小心犯错的人补救的机会。

把你的宽容告诉对方，并鼓励对方不必再为过去的事难过，只要懂得从过去的失败中吸取教训，以后不再犯就好。

法国哲学家说："教育的十之八九是鼓励。教育不是填鸭式的喂食，而是点燃心中的智慧火种。"这告诉我们：宽恕来自一种善念。这善念将成就一个真、善、美的世界。

宽容别人的过错，对方定能感受到你的善念，从而勇敢地面对过去，迎接未来。

培养节约的好习惯

> "一粥一饭当思来之不易，半丝半缕恒念物力维艰"，中华民族自古便倡导勤俭节约，如今资源紧张，节约尤显重要。

一整天都牢记节约美德，用节约的意识做每一件事。

节约一元钱：少（或不）吸烟，少（或不）喝酒，少（或不）上网吧，少（或不）上舞厅。

节约一张纸：少用纸巾、纸杯；尽量用手帕、少用抽纸；打印纸要双面打，或者一面打完，另一面作为草稿纸用。

节约一支笔：尽量用中性笔，用完之后就更换笔芯，不用重新买笔。

节约一杯水：准备一个或多个水桶用以盛洗菜水或淘米水，以后可以冲厕所；厕所使用双挡开关；减少洗澡时间；衣物集中洗涤；用水后及时拧紧水龙头，避免长流水，见滴水龙头，随手关闭。

节约一度电：电脑启动或是开电视后，如果半个小时内继续要用最好不要关，因为重新启动会浪费大量电；家用照明尽量使用节能灯；光线充足时不要开灯；能用一盏灯时，不开多盏；杜绝白昼长明灯，做到人走灯熄。

节约一粒粮：尽量少去餐馆就餐，来了比较熟的客人还是在家请吃饭；在外就餐要文明用餐，减少粮食浪费。

节约一件衣服、一双鞋：买衣买鞋要有计划，不要过分追求时尚，不必买名牌。

节约电话费：不要有事、没事与他人打电话聊天，聊个没完；有事尽量直接和人交流，少打电话联系，这样还可以增进真实的感情。

节约一本书：到图书馆去看书，能不买的书就别买；一定要去买书，就买知识性的书籍，不买纯娱乐性的书籍，没必要就不必买精装本；看完的书不要扔掉，以后可以重新阅读，或者捐献给缺书的贫困地方。

把旧衣物整理好捐出去

> 爱是奇迹，它超越了智慧和文明，是人类灵魂的升华。人类以爱创造生命、传递温情、维护和谐！爱根本没有想象的那么复杂。爱，很简单：伸出一双手或者说一句安慰的话，甚至是捐出你生活中一些不再需要的废弃物。

也许，只是一根小小的木桩，就可以拯救一个溺水的人；也许，只是薄薄的毯子，就可以温暖一个冻僵的人；有时一句话，一双温暖的手，就可以唤回失望者的希望。要知道，这个世界上还有许多需要我们用爱心去帮助的人。当你喝完饮料，看完报纸，准备去扔垃圾的时候，想想那些可怜的人，也许他们连我们将要扔掉的东西都是那么的缺乏，为什么我们不能把一些我们不再需要的东西捐赠给他们呢？比如一些旧衣物。

认真收拾一下旧衣物，打包整理好，然后打听一下有什么机构接受这些捐赠，不要怕麻烦，认真打听清楚，最好找那些信誉比较好的，真正为贫苦人民服务的机构。认真核实地址，然后把这些旧衣物邮寄过去，或者干脆亲自跑一趟，也不会花费你太多的工夫，以便和这样的慈善机构建立联系，了解贫苦地区的境况。有能力的话，你可以经常为他们奉献一份爱心。

为小区做清洁工作

> 懂得将自己的爱分给角落里受伤的灵魂,把自己的关怀分给陌生的面孔,这样的无私奉献让人感动。还有一种奉献叫作默默无闻,不求回报,这才是奉献的最高境界。

为小区做清洁工作,得早点起床,因为你得赶在大家起床之前把小区打扫干净。小区可能有专门的清洁工人,那么你应事先和他们联系,表明你的意愿,你可以选择帮他们的忙,也可以独自承担全部的工作。

不管怎样,你必须能找到全部的工具,包括扫把、垃圾车、水桶之类的。请教清洁工人,问他们平时是怎样进行清洁的,不要小看清洁工作,小区不是你家的房子,清洁起来要费劲得多。清洁工人可能有他习惯的步骤和方法,耐心倾听,并用心记录,必要的话你可以请工人在一旁做你的指导,不过最好还是独自承担,这样可以让劳累的工人休息一下。

清洁工作可能很累,既然你已经接手,并选择承担,就要负责到底,千万不可半途而废或者偷工减料,必须保证每一块地都清扫干净。

工作过程中,你还可以用心去观察小区的每一个角落,这就是你每天生活的环境,可能平时没有机会这么仔细地观赏过。想想这个小区的人们,都是每天与你一起生活的伙伴,能为大家服务是你的荣幸,因为奉献就是一种美,一种快乐。

清洁完毕,回去休息一下,吃过早餐,再出来溜达溜达,看看小区里活动的人们,看看这个干净的地面,你会有一种无法说出的满足感。

严格分类扔垃圾

> 遵守社会公约、维护社会公德是每一个公民应尽的义务,这是社会道德建设的大事,却往往要求人们从小处着眼,因为我们常常忽略一些小事。

5月　留住美德，学会宽容

扔垃圾是常有的事，每个人都干过，但是又有几个人能够严格按照垃圾桶的分类要求来扔垃圾呢？不要以为这是小事，你知道你的随意一扔，给垃圾回收站造成了多大的麻烦吗？

把今天的垃圾分分类，你会发现这其实并不难，只是在装垃圾的时候稍微留意一下，什么是可回收的，什么是不可回收的，仅此而已。或者你可以特意观察一下平时未留意并排摆放的垃圾桶，看看它们是如何分类的，也许有更详细的分类，记在心里，回去按照它的标准分好垃圾。

叮嘱你的家人，今天改变平时扔垃圾的方法，把你们自己家的垃圾桶也分分类，按照外边垃圾桶分类的标准。改变平时随手扔垃圾的习惯，有意识地辨别手中要扔的垃圾，然后扔到它应该去的地方。把垃圾拎出去的时候，别忘了仔细辨别一下，可千万别弄错了，否则今天的心思可就白费了。

赞美某一个人

> 生活中总有些人一直在扮演批评者的角色，做人何必如此苛刻？对他人，何必吝啬你赞美的言辞？以一颗宽广、包容的心，学习接纳和体恤，并常以鼓励的眼光看待他人，你反而会更加快乐。

泰戈尔说过，使鹅卵石臻于完美的，是水波的载歌载舞。人生若缺少了赞美和鼓励，便如同鹅卵石没有水波的装饰。人之一生，需要赞美和鼓励的水波来抚慰和雕琢，而成为一块美玉。

俗话说，"良言一句三冬暖，恶言一声暑天寒"。赞美与鼓励是滋润人一生的营养液。最感人、最具有意义的赞美和鼓励不是锦上添花，而是雪中送炭。是剥离尘埃，让一颗珍珠最终形成，放射出与众不同的光芒。

赞美别人吧，这不需要花钱。想不出来要赞美谁吗？那就从赞美亲人开始。对爸爸说："爸爸，您今天看起来好帅啊！您是了不起的男人！"对妈妈说："妈妈，您还是那么年轻，您真伟大，您今天看起来真迷人呢！"

对爱人说:"亲爱的,你在我心目中是最好的,最优秀的。"……

赞美别人,是自己感情的一种表达和流露,是对别人的肯定和鼓励。赞美别人,就是赞美自己。鼓励是自信之母,赞美是好心情之父。鼓励和赞美会让我们的世界充满了激情和美丽。

参加志愿者行动

> 不求回报的奉献,为爱心,也为理想,参加志愿者行动。这将会是对你灵魂的一次洗礼。

形形色色的志愿者行动很多,其目的往往都是为了人类某项事业的发展,譬如支教、扶贫等。志愿者行动,以志愿参与为主要形式,以志愿服务为手段,有组织有目的地为社会提供服务和帮助,推动经济发展和社会进步,推动社会公民思想道德建设的发展。一般来说,志愿者行动致力于创造美好的明天,着眼于开拓未来。

选一个你感兴趣的志愿活动,积极报名,不要以为报名就可以参加,很多志愿者行动还需要通过选拔才能参加的,因为这样的志愿活动都是很有意义的,很多人都是因为兴趣而参加。所以,决定参加后要认真准备面试,努力在选拔中脱颖而出。

志愿者行动一般都是为了弘扬"奉献、友爱、互助、进步"的精神,所以,你必须首先牢固树立这样的思想,跟随志愿组织,深入到具体的社会活动中去。如果选择支教,就要尽心尽力为普及科学文化知识贡献一己之力;如果选择扶贫,就要致力于消除贫困和落后;如果选择其他公益事业,就要为消灭公害和环境污染,促进经济社会协调发展和全面进步,建立互助友爱的人际关系而努力。

既然是志愿者行动,就得抛弃有偿服务的想法,树立无私奉献的观念。总之,这次行动绝对会是对你的精神和灵魂的一次洗礼。

5月　留住美德，学会宽容

看望贫困山区的孩子

> 我们的城市是灯光的海洋，明亮的路灯、变幻的霓虹灯、柔和的绿化灯、靓丽的广告灯，令人目不暇接。城市亮的灯越来越多，但点燃山区贫困孩子助学的希望之光，却显得那么的悭吝，许多孩子的心灵仍等待我们去照亮。

一盏城市的灯，一个贫困山区孩子的学费，灯照亮了城市的文明，但照不亮贫困山区孩子的心灵。因此，今天就让我们去山区看看那些可怜的贫困山区的孩子吧。

不要害怕路途的遥远和艰辛，想想那些孩子身上单薄的衣服，那一双双求知若渴的眼睛，怎能不叫人心酸！去之前最好和当地的组织取得联系，贸然跑去你会有点不知所措的。或者你可以跟随某一个组织或者团体，以集体的形式去那里。

不管以什么形式去，首先你得想好为那里的孩子带点什么礼物过去，一支笔、一本书，或者旧衣物，都是心意，也都是他们需要的。或者，你还可以想出点别出心裁的礼物，最好是能激励这些孩子的上进心的小礼品，比如有关一些出身贫寒的名人的传记，比如宣传介绍全国高等学府的小册子，比如一些大学生联名签字的旗帜，等等。

首先应该去山区的学校看看，了解一下那些孩子就学的环境。如果你觉得自己的能力还不错的话，可以和学校领导或老师沟通一下，自己临时充当一回老师，给这些可爱的孩子们上一堂课，鼓励他们好好学习，长大后到大城市上大学，成为国家的有用人才。

学校参观完毕，你还可以有选择地去一些孩子的家里拜访，送去你亲切的问候。这对孩子的父母也是一种安慰，并表达你的爱心，鼓励这些穷苦的人们奋发图强。

一年应该用心去做的事

为集体争荣誉

> 集体荣誉感是集体凝聚力的来源，没有集体荣誉感会导致集体走向分崩离析。如果你热爱某个集体，就要努力为她争荣誉。

集体由个体组成。任何一个集体要建设、要发展，都必须依靠个体的努力。肯定和鼓励个人建立功勋、争取荣誉，是集体事业不断发展壮大的必然要求。但作为个人来讲，则需要正确认识和处理个人荣誉与集体荣誉的关系，积极为创造和维护集体的荣誉而奋斗。

为集体争荣誉，其实也是在为自己争荣誉，集体荣誉在个人身上会得到体现。荣誉是行为的结果。一个人如果抱着狭隘的个人目的去追求荣誉，必然不会忠实地、积极地履行义务，努力为集体作贡献，也不会实事求是、坦诚客观地评价自己的成绩，甚至会"贪天功为己有"，妨碍和窃取别人的成果和贡献，昧心地虚报功绩，掩饰缺点和错误，采取不正当手段捞取个人好处。这种行为，最终只会给自己带来耻辱，而绝不会获得荣誉。即使一时骗来荣誉，最终也会暴露无遗，受到人们的唾弃和良心的谴责。这种人对个人荣誉追求越积极，在人们心目中就越卑微。

我们应该看到，自己获得的一切荣誉都是因为自己身处在一个具体的集体中，你的家庭是一个集体，你离不开父母的养育和家人的支持；你的工作单位也是一个集体，你离不开领导的指导和同事的帮助，所以，当你为家庭、为单位，哪怕只是做了一件极其微小的事，也是在为集体争荣誉。

5月　留住美德，学会宽容

做一件大公无私的事

> 人人好公，则天下太平；人人营私，则天下大乱。大公无私永远是社会发展的瑰宝。

在经济突飞猛进、科技迅速发展、物欲横流的当今社会，大公无私的话题很少有人再议起。在很多人的内心几乎不再认可大公无私这种美德，也不确信还有这种美德的存在，现实生活中也很难再有这样的故事发生。

如此看来，做一件大公无私的事是多么的艰难。然而，并不是这个社会不需要大公无私，只要每个人都能无私付出，这种美德必能延续下去。

克服自己的私欲，做一件大公无私的事。比如，向领导举荐一个你并不喜欢的贤才。你可能和某位同事有些矛盾，但是他的工作表现和能力的确是无可挑剔，非常适合目前单位空缺的某个职位，当领导要你举荐贤才的时候，就是你发挥大公无私的精神的时候了。抛却私人恩怨，任人唯贤，你定会赢得大家的赞扬和钦佩。

又比如，把自己的私人财富或物品提供出来，作为公共之需，也是一种大公无私的表现。总之，为集体利益牺牲小我，从大局着眼，为公舍私，就是大公无私，相信自己，你能做到。

向领导毛遂自荐

> 如果你想在其他人还没有露脸之前抢得先机，最好的方式就是——毛遂自荐。

毛遂自荐的故事告诉我们，不要总是等着别人去推荐，只要有才干，不妨自己主动站出来，做出自己应有的贡献。

当今职场，毛遂自荐这一求职方式越来越被人们所运用，有人如愿以

一年应该用心去做的事

偿，有人屡屡碰壁。除去主客观因素外，自荐者所采取的策略、方法是否得当决定求职的成败。所以，在运用毛遂自荐这一招时，最好能独具匠心、别具一格。

要取得毛遂自荐的成功，至少应具备3大要素：胆大心细，适时果断出击；表现的方式能立刻吸引领导的注意；要有真才实学。所以，胆量是前提、技巧是关键、水平是保证，三者缺一不可。

向领导自荐，要找准时机，趁领导有空的时候，说明你自荐的理由，你对你向往的职位或者某项任务的认识和见解，以及你自认为你胜任该职位或任务的能力。自荐，实则就是一个主动推销自己的过程，必须一开场就吸引领导的注意，你可以事先做一份职位计划书，边陈述边将计划书呈递给领导，并对此作出精辟的说明。

自荐完毕，礼貌地恳请领导考虑，对自己的打扰表示歉意，并诚恳地表示，无论领导考虑的结果如何，自己都会尽职尽责地在岗位上努力工作，发挥自己最大的潜能为单位作贡献。

培养孩子的美德

> 我们很多的品质都来自于从小的教育，小时候的教育对一个人的成长是很关键的，不仅要教其文化知识，更多的是要教其做人的道理，只有具有传统美德的孩子才是品学兼优的人。

现在的家庭大多只有一个孩子，生活条件较好。大部分家庭在孩子的成长过程中，除了在物质方面尽可能地满足孩子外，关心最多的便是孩子的学业了。望子成龙，望女成凤，将来出人头地是他们对孩子采取严厉管束的理由。不管孩子愿不愿意，他们总是乐于带孩子上兴趣班、上家教课、上各科补习班等，即使花费大量金钱和时间也在所不惜。但他们往往忽略了对孩子将来成长至关重要的一个方面的培养，即传统美德的培养。殊不知从小培养孩子的传统美德比学业重要得多。教育学家说过："一个有传统美德的学生其学习成绩肯定是优秀的，而一个成绩优秀的学生并不一定

> 5月　留住美德，学会宽容

有传统美德。"

　　培养孩子的美德，就要认真观察孩子的言行，随时进行纠正。比如孩子可能会嫌爷爷奶奶啰嗦，对老人的态度不够尊敬，就要及时告诉孩子，尊重老人是传统美德，孝敬父母是每个子女应尽的义务，而老人是爸爸妈妈的父母，等等诸如此类。专门找个时间，给孩子讲几个美德故事，讲完之后，问问孩子有什么感想，并告诉他一些做人的道理。

带父母去旅游

> "谁言寸草心，报得三春晖"，亲情是一个人善心和良心的综合表现。孝敬父母，尊敬长辈，这是做人的本分，是天经地义的美德，也是各种品德形成的前提。

　　每个人都知道应该孝敬父母，但很多人仅限于口头上的承诺，或者以为给父母一些物质上的补助和享受便是孝敬了。当然，让父母晚年在物质生活方面能够富足也是孝敬的一种表现，但是，这绝不是最根本的。孝敬父母，要用心，要体贴，要想父母之所想，要像对待自己的子女一样细心照顾，用心呵护。

　　大多数的父母，一辈子待在家乡，很少出远门旅游，旅游仿佛是年轻人的专利。其实，他们也很想出去散散心，看看热闹也好，只是觉得自己年纪大了，不想太折腾了。给自己的父母一个惊喜吧，告诉他们今天和他们出去旅游，问他们最想去哪。如果你平时多用心观察，你应该了解他们最向往的旅游胜地，提前买好机票或车票，对他们说："亲爱的爸爸妈妈，走，今天咱们一起去旅游吧。"相信这对于每一个父母来说，都是一种莫大的欣喜。

　　帮他们收拾好行李，不用带太多的东西，一切从简，旅游是为了轻松，不可让他们旅途劳累。去目的地的途中，给他们介绍那里的风土人情，都有些什么景点，等等。

　　旅途中，时时处处注意他们的行动安全，注意不要让他们过度劳累，中途要注意休息。既要让他们玩得尽兴，又要保证他们的身体健康和行动安全。

带着鲜花去看望恩师

> 尊师敬师者不一定有大学问，但有大学问的人一定是尊师敬师者。任何一位学生，只有真正做到尊师敬师，才有可能很好地接受教育，才有可能充分开发自己的学习潜能，才能学有所得，学有所成。

尊师敬师不只是表现在求学期间，更重要的是要在离校别师之后，还不忘昔日恩情，时常看望当年的恩师。这也是对各位为教育事业默默奉献的人民教师的最欣慰的回报了。

看望老师并不一定要带多么贵重的礼物，一束鲜花最能代表心中的感激和恩情，康乃馨就是很好的选择。或者你还想给老师送上别的什么礼物，全看你的心意以及你对老师的了解。你需要了解一下他有可能会喜欢什么礼物，或者愿不愿意接受学生的礼物，要知道，有些老师不太接受学生的馈赠，这些都是个人性格问题。但无论如何，鲜花是一定要带上的，因为它是最好的祝福。

选好礼物后，事先给老师打个电话，送上你的问候，并表达你想去看望他的愿望，约好具体时间。记住约好的时间，按时到达，无论你有多忙，也不要耽误老师的时间。

你也可以和其他同学约好，一起去拜访，这样会让老师更高兴。见到老师后，如果可以，给老师一个热情的拥抱，问老师身体好，然后和老师谈谈你现在的境况，工作和生活各方面都可以谈，说说老师当年的教诲对你现在的帮助，感谢老师的育人精神，并询问老师现在的工作情况，学生是不是还像自己以前那般调皮，不懂事……

视情况而定，是否留在老师家吃饭，如果你觉得太麻烦便婉言谢绝，

5月　留住美德，学会宽容

如果你觉得老师是真的想和你继续拉拉家常，那么就留下来，师生之间的亲切感也会因此倍增。

认真欣赏身边的某个人

> 社会是一个舞台，也是一个竞技场。人生是表演，也是奋斗。每个人都需要别人的关注、喝彩和鼓掌，就像需要批评一样。如果只有沉默，那生活就一定会索然无味的。

在社会生活中，每一个人都渴望得到别人的欣赏，同样，每一个人也应该学会去欣赏别人。欣赏与被欣赏是一个互动的过程，欣赏者必具有愉悦之心，仁爱之怀，成人之美的善念。因此，学会欣赏，应该是一种做人的美德，肯定了别人也是肯定了自己，诚如爱默生所言："人生最美丽的补偿之一，就是人们真诚地帮助了别人之后，同时也帮助了自己。"

认真欣赏你身边的某一个人，欣赏你的同事，你和同事之间会合作得更加亲密；欣赏你的下属，下属会工作得更加努力；欣赏你的爱人，你们的爱情会更加甜蜜；欣赏你的孩子，说不准他就是一个英才……

欣赏别人不是让你去阿谀奉承，它应出于真诚，是对别人人生意义的肯定，是一种高尚的情操，是一种现代人应该具备的修养。欣赏不是让你说出多么华丽的赞美辞令，其实，几下掌声，几句赞誉，或者一个眼神、一个微笑也可以。但别人却会从你的欣赏里得到对自我的肯定，得到了鼓励、欢乐、信心和力量。

欣赏别人，是善待他人的一种方式，是以人之长补己之短的明智之举。就在我们欣赏别人的同时，这个世界在我们的眼中也变得更加美丽。

培根说："欣赏者心中有朝霞、露珠和常年盛开的花朵，漠视者冰结心城、四海枯竭、丛山荒芜。"让我们在生活中多一些欣赏，欣赏是一种给予，一种馨香，一种沟通与理解，一种信赖与祝福。人世间人人彼此欣赏，世界就充满了温暖与生机！

认真看一期新闻节目

> 看新闻类节目，关心时事，了解天下资讯，既可增长见识，又可增强记忆力。

有调查发现，看电视对人的智力和记忆力有破坏作用，但并不是所有的电视节目都不利于人的智力发展，比如新闻类节目就是一种使人获益匪浅的电视节目。

现代社会，娱乐性的电视节目越来越丰富，也越来越能吸引观众的眼球。可能你和大多数人一样，为了轻松休闲，也只是消遣式地看看电视。不过，即使你真的没有关心天下新闻这个习惯，也可以偶尔地关注一下。

新闻节目也有很多种，总的来说，现在的新闻节目已经突破了以往单一的播报形式，在形式和内容上均进行了宝贵的尝试，突出情节性、故事性、悬念感已成为一种倾向。所以，应该改变对新闻类节目的偏见，认真地看一期新闻节目。

对形形色色的新闻节目，你可以凭兴趣进行选择，比如选择一些有文化深度的，可以让你在感受其文化底蕴的同时提升自己的文化内涵，再比如一些报道各地趣事逸闻的，可以让你在被其故事性吸引的同时增长了自己的见识。

看新闻，与看电视剧和综艺节目不同，应该用心去看，总的来说，它还是一个知识性的节目。与娱乐性的节目不同，它的主要作用不是供人消遣，作为茶余饭后的休闲活动。它往往是把一些社会热点通过视频媒介曝光，引起人们的思考，从而引发大众对自己所处的社会的方方面面的关注，实则也是在培养一种主人翁意识。

认真看、抱着鉴赏和学习的态度去看新闻，你会收获许多。

认真完成自己对他人的承诺

> 花儿是春天的诺言，潮汐是大海的诺言，远方是道路的诺言。世界因为信守了许多大大小小的诺言，肃穆而深情。遵守诺言是一项重要的感情储蓄，违背诺言是一项重大的支取。导致情感储备大量支取的莫过于许下某个至关重要的诺言而又不履行这一诺言。

也许你并没有想过要逃避自己曾许下的诺言，只是总缺乏履行的动力，而一再拖延。今天就别再给自己找任何借口了，哪怕履行起来有点难度，如果轻松即可完成，那又何须通过承诺来向别人保证呢？

首先认真回忆一下当时你是怎样许下的诺言，你对别人保证过什么。诺言的实现不能偷工减料，你说过你要做什么，做到什么程度，都要一一按约定完成。

然后部署一下你的行动，既然许下诺言，就要做到最好。完成这个行动需要什么样的条件，需要什么人的帮助，需要你付出怎样的努力，你能做到多少，这些都要认真考虑清楚。

把完成这个承诺的行动当作自己的事情来做，尽心尽力，心甘情愿，摒弃抱怨和厌烦情绪。遵守诺言是一种责任，是一种精神，也是一种情操，这不仅是为别人，也是为自己，为自己的人格的修养付出努力。

纠正自己犯的错

> 世上最难的事莫过于认错，只要事情一出纰漏，人们很自然地会推卸责任，然而这样毫无益处。拒绝认错，固执己见，最终势必引起公愤，人们只尊敬勇于认错，并纠正自己错误的人。

古语有云："人谁无过？过而能改，善莫大焉。"人非圣贤，总会有

一年应该用心去做的事

犯错误的时候，可怕的不是错误本身，而是对待错误百般抵赖、死不认账的恶劣态度，让人想原谅他都找不到理由。为自己的错误辩护开脱，是人的本能，也是人性的弱点，也是愚蠢之至的行为。这样做只能让别人对你的品行更加怀疑，对你唯恐避之而不及。勇于承认自己错误的人，反倒能够获取别人的谅解和信任。

做错了事，伤害了别人，光是承认错误或道歉是不够的，必须尽力弥补，方能算是诚意。当然，有时尽力弥补也未必可以完全纠正过错，而且，最重要的是，自己尽力弥补的，是错事对别人造成的损害，不是自己在别人心中的印象。人家敬佩也好，不原谅也好，也要尽力。

别死撑着坚持自己的错误了，你无非是觉得认错有失颜面，一个人越重面子，所要付出的代价就越大，把个人的面子、名誉看得越重要，认错就需要越大的勇气。不如放开怀抱，轻松面对，你会发现认错其实并没有那么难。

有了认错的决心，再仔细想想自己到底错在什么地方，事情发展到了哪一步，自己的错误还能否挽回，如今还能作出怎样的补救。将所有的这一切都考虑清楚，再果断行动。

6月

黄金心态，正面思维

你怎样对待生活，生活就怎样对待你；你怎样对待别人，别人就怎样对待你；在刚开始工作时你的心态如何，决定了你最后能否取得成功；当然，不是说持有积极心态就能够万事如意，可重要的是它能改变你做事的方式，从而改变你的人生。

人生的路上并非都是一帆风顺，有阳光，也有荆棘丛生、坎坷不平的时候。困难不可避免，然而碰到困难时采取什么态度，用什么方式来对待，是能否顺利解决困难的关键。面对现实，保持积极的心态，凭借自己和周围环境中能有效利用的一切积极因素来应对困难与烦恼，才能达到目的，获取成功。

耐着性子做完一件你感到厌烦的事

> 任何一种工作或是生活状态，久了就会令人厌倦，感到没有出路。其实，问题并非出在工作本身，而是一种心理作用。

无论工作生活，想要幸福快乐，就要用心去经营。

能力大于期望值和期望值大于能力的人都容易产生对工作厌倦的心理。是在厌倦中消磨岁月，还是寻求解决之道？要明白换一种生活方式未必就不会厌倦，可能每一种生活方式都会让人感觉单调，所以没必要这山看着那山高。

想要快乐，没有什么秘诀，调整好心态，对生活保持永远的热情，厌倦情绪还能藏身何处？

培养自己对生活的热情，和厌倦情绪作斗争，一个非常有效的办法就是强迫自己把一件烦人的事情完成。

下定决心后，就开始动手，刚开始应该没什么困难，当时间一分一秒过去，事情还没有完成，你的厌倦情绪可能很快就席卷而来，这就是考验你的毅力和耐力的时候了。

一遍一遍地在心里默念：坚持，坚持，再坚持！如果实在坚持不住了，那就暂时休息一会，听会音乐，或者静静地坐一小会，放松一下情绪，然后再接着干，直到最后完成。

6月　黄金心态，正面思维

把工作任务当作休闲娱乐一样轻松地完成

> 越是放松地面对我们所在乎的事物，我们就越能游刃有余地去把握它；反之，越在乎，越紧张，情况只会越糟糕。

如果我们想比较快乐地过日子，可以让自己放松些。与其天天在乎自己的成绩和物质利益，不如每天努力学习、工作，享受生活中每一次获得经验的过程，并不断成长。一个真正懂得从生活经验中找到人生乐趣的人，不会觉得自己的日子充满压力及忧虑。所以，不要把每天的工作任务当作一种压力，让自己的神经变得很紧张。其实，我们完全可以换个眼光，换种心情，把工作当作一种娱乐，培养自己对它的兴趣，轻松愉快地面对。

生活中很多乐趣都需要我们自己去发掘，去找寻，工作也是。兴趣是最好的老师。如果能够轻松面对，不但能顺利完成任务，而且能够从中学到很多知识。兴趣也最能出成果，因为有兴趣，才会去认真钻研，找到最佳的工作方法。

把工作当成休闲娱乐其实并不难，还有什么比放松心态更容易的呢。只要凡事不强求，放弃功利思想，抱着一切尽力而为，量力而行，顺其自然的心态，就能在工作找到愉快的感觉。

寻找日常生活中的乐趣

> 兴趣是生活和工作的润滑剂，是点燃快乐火炬的助燃器，是消除疲倦的提神茶。而生活中处处都能寻找到属于你的快乐，关键在于你的兴趣在哪里。

当我们在做自己喜欢做的事情时，很少感到疲倦，很多人都有这种感觉。比如在一个假日里你到湖边去钓鱼，整整在湖边坐了10个小时，可你一点都不觉得累,为什么?因为钓鱼是你的兴趣所在,从钓鱼中你享受到了快乐。如果我们把生活和工作也当作一件有趣的事情来做,就会从中寻找到无穷的乐趣。

"我怎么样才能在工作中获得乐趣呢?"一位企业家说,"我在一笔生意中刚刚亏损了15万元,我已经完蛋了,再也没脸见人了。"

很多人就常常这样把自己的想法加入既成的事实。实际上,亏损了15万元是事实,但说自己完蛋了,没脸见人,那只是自己的想法。一位英国人说过这样一句名言:"人之所以不安,不是因为发生的事情,而是因为他们对发生的事情产生的想法。"也就是说,兴趣的获得也就是个人的心理体验,而不是事情本身。

事实上,很多时候,我们都能在生活中寻找到乐趣,正如亚伯拉罕·林肯所说的:"只要心里想快乐,绝大部分人都能如愿以偿。"

停止怨天尤人,给自己一个自信的微笑

> 人们常有一种"托付思想",即将自己的命运托付给别人或是外力掌控。这种"托付"有时是主动的——因为掌控不易,而干脆放弃掌控,懒得掌控;有时是被动的——因掌控不了,无奈之下,不得不放弃掌控权;有时却是不知不觉的……

有这样一个故事,一个小孩抓住了一只小鸟,问一位人人尊称为智者的老人:"都说你能回答任何人提出的任何问题,那么请您回答我,这只鸟是活的还是死的?"老人想了想,他完全明白这个孩子的意图,便语重心长地说:"孩子啊,如果我说这鸟是活的,你就会马上捏死它。如果我说它是死的呢,你就会放手让它飞走。你看,孩子,这只鸟的死活,就全看你的了!"

智者给我们这样的启示:每个人的前途与命运,就像握在手里的小鸟一样,成败与哀乐,完全掌握在自己的手中。

看看你自己的拳头,你会不会发现你的生命线有一部分留在外面,没有被握住,它又能给我们什么启示?命运绝大部分掌握在自己手里,但还

有一小部分掌握在"上天"手里。古往今来，凡成大业者，"奋斗"的意义就在于用其一生的努力，去换取在"上天"手里的那小一部分"命运"。

怨天尤人会让你失去很多奋斗的机会，失去很多自我掌控命运的能力和机会，如果你还在继续，停止吧，收回你原本的权力，用自身的努力掌控自我的命运。所以，给自己一个自信的微笑，勇往直前地做自己想做的事，相信自己，只要你肯努力，就一定会成功。

去操场练跑步，坚持跑到自己事先设定的终点

> 只要心中有明确的目标，并热切地想要实现它，你就有了坚持的动力，"水滴石穿，绳锯木断"，只要你坚持不懈，胜利就在不远的前方。

清晨或者傍晚都是练习跑步的最佳时间，找一个操场，事先给自己设定一个目标，比如今天一定要跑几圈，或者坚持跑完多长时间，但需要按照你自己的能力来设定目标。不要把目标定得太低，比如你平时能跑 5 圈，你却给自己设定今天跑 4 圈就行，那就没有任何坚持的意义了；假如你平时能坚持跑 15 分钟，那么，今天你就必须跑完 15 分钟以上，还有，在速度上不能减慢，如果你只是静待时间的流逝，那就有点自欺欺人了。

设定合适的目标之后，就开始你的训练吧。不难想象，今天的锻炼比平时更具有挑战性，因为你的目标比平时更高了。跑步的时候，在心里默默给自己打气。心里想着那个目标，不如事先对自己说好，今天完成任务之后，给自己一个小小的奖赏，比如给自己买一件小礼物，或者做一件平时很想做，但是又觉得那样太奢侈或者有点过分的事。这样想着是不是觉得动力更大了一些呢？

如果你喜欢听音乐，也可以一边听音乐一边跑步，用音乐来缓解你的疲乏，暂时转移一下你的注意力，让自己在不知不

觉中渐渐接近目标。也许你听着听着，就猛然发现，哦，原来已经到达了目标。

早起去山顶看看日出

> 每一种生活都有其独有的魅力，只是我们期望太高以致常常忽略了生活本身，忽略了它美丽的一面，忘了把它当作一件有趣的事情来做。

你们家附近有没有山，如果没有，你恐怕要起个大早，才能赶得上去最近的山看日出。看日出，需要根据日出的时间，科学地安排好自己看日出的行程，过早或过迟赶到看日出的现场，都是不妥的。太早了，不但影响自己的休息，还会因山头的气温低而容易着凉；过迟了，就会错过看日出的良机。一般而言，为了充分领略日出前后的奇景异色，应在日出前10～20分钟赶到现场最为适宜。所以，事先弄清楚你要去的那座山的看日出的时间是很必要的，这个就需要去请教一下有过在那看日出经验的人了。

尽管在夏天，清晨的气温一般还是比较低，所以，记得多穿件衣服，穿一双适合登山的鞋，赶到山顶之后，稍作休息，眼睛盯着太阳升起的地方。你会看到：东方的天空，随着繁星的渐没，天空的颜色先是灰蒙蒙的，继而由灰变黄、变红、变紫，渐渐地在地平线附近裂开一条缝隙，一会儿，缝隙变得越来越长，越来越宽，同时越来越亮，几道霞光射向天空，忽然一弯金黄色的圆弧，冲破晨曦，从地平线上冉冉升起。开始的时候像一轮金黄色的弦月，镶嵌在地平线上，然后慢慢变成扁圆形，宛如一盏巨大的宫灯，悬挂在东方的天边。此时，如果配以一望无垠的云海，其景象就更为壮观：天上霞光万道，红云朵朵，下边连绵云海，万顷碧波。初升的太阳，随着饱览这一瑰丽景色的旅游者的呼唤声，若隐若现，若明若暗。看到如此奇异的日出，足以让你流连忘返。

此时，也许你会想起一位诗人的话："太阳每天都是新的。"所以，每天都有一个新的开始，新的一天又到来了，这又是你人生的一次新的起点，加油吧，为了更美好的明天。

6月　黄金心态，正面思维

找个没人的空间大声给自己唱首歌

> 不论你身处何地，不论你的环境如何改变，你都可以一边歌唱一边生活，在心中响起动听的乐曲。

歌不一定是要唱给别人听，也不一定非要有人来欣赏，你完全可以为自己而歌唱。歌声不一定要有多优美，重要的是你的心情有多放松，有多愉悦。

找一个没人的地方，一间空房子，一片空旷的草地，湖边的小树林，只要你的视线里没有别人，你就可以放声为自己歌唱，不用去在乎别人诧异的眼光，窃窃的私语。为自己歌唱，不用去刻意地牢记歌词，你可以很随意地去唱，甚至可以自己编一些曲子来唱，想唱成什么样都行，没有人会取笑你，只要你自己能接受就好。你还可以把一些想对自己说的话，用歌曲唱出来，哪怕是心中积聚的苦闷和牢骚。把满腔的怨言大声唱出来，也是一种很好的发泄方式。最好能唱一首激动人心的鼓励之歌，或者是一首充满了祝福和期许的希望之歌，唱出自己对生活的美好愿望，唱出自信，唱出激情和勇气来。

如果你有雅兴，不妨用录音设备把自己的歌声录制下来，以后任何时候都可以拿出来回味一下，自我欣赏一番，那一定很好玩，甚至还可以为自己专门制作一盘专辑，就像那些明星一样，只不过这个是用来自我收藏的。如果可以，把它送给你的好友，这么好玩的礼物，你的朋友一定会很喜欢的。

一个人爬到山顶大声说出心中的郁闷

> 真正懂得生活的人,不是没有烦恼,而是懂得如何将心中的烦恼及时地排遣。

倾诉,不一定非要对着某个具体的人,如果找不到一个帮你收拾心情垃圾的人,就假想身边有一个人,对着一堵墙,对着一面镜子,哪怕只是对着空气,都可以大声说出你心中的郁结。

最好的办法是一个人爬到山顶,对着远处,大叫几声,把心中的郁闷全都喊出来,那种感觉真的不错。最好在清晨去,早上空气清新,顺便还可以晨练。

到了山顶,想象你的面前就是一个垃圾桶,你可以把你的苦水全部都倒出来,不用担心它是否承载得动,放心吧,它的容量大得很。你想说什么就说什么,而不用担心它听了你的倾倒之后会有什么样的反应。你可以说你最近工作上的压力,很卖力地工作却得不到领导的赏识;你可以说和朋友相处的困境,很真心地待人却总是被误解;你也可以说和亲人之间的小矛盾,父母不理解,孩子不听话等。情绪高涨的时候,也可以手舞足蹈,用动作来发泄你心中的郁闷,等你的声音叫嚷得嘶哑了,身体变得疲乏不堪了,你塞得满满的心似乎一下子也被掏空了,因为烦恼都被你赶跑了。

到了山顶,最好是找一个没人的地方,因为也许山上还有其他登山者,否则,你夸张的声音和动作可能会把别人吓着。虽然说走自己的路让别人去说吧,但是,人是社会的一部分,我们还是应该尽量不要让自己的情绪影响到别人的生活,因为我们都是有社会责任感的人。

去健身房,把自己累得筋疲力尽

> 把烦恼赶跑的方法,就是让身体变得很累,让自己没有精力去骄纵自己的心情,让它没有空闲去胡思乱想。

6月　黄金心态，正面思维

当健身逐渐变成一种时尚运动，慢慢成为生活的一部分时，越来越多的人走进了健身房。但对于一个追逐"时尚"的新手来说，通常令他们苦恼的是怎样选择一家适合自己的健身房。你是不是也正面临这样的问题呢？

选择健身房不能急于求成。你应该对你周围的健身房有个全面的了解，也许你对去过的第一个健身房印象不错，但也不要急于决定。大多数的健身房都会提供给"新人"一个免费的试训机会，对体验者没有其他约束，通常还会免费提供教练的辅导，这时正是你对健身房进行评估的好机会。

如果你今天是第一次去健身房，那么，你最好请教一下有经验的人士，让他们帮忙介绍一下，哪家健身房比较好。一般来说，选择健身房，要考虑如下因素：健身教练，一个健身房的好坏主要取决于他们能够为练习者提供什么样的健身教练，因为健身教练会直接对你的训练负责，而一个正规的健身房应该拥有一批高水平的、专业的健身教练。对于健身器材，不管做什么健身训练，安全都必须放在第一位，杠铃的螺丝是否松动、运动器械的电线是否漏电等问题我们都应该在训练前就考虑、重视。另外器材的清洁程度会表明它们是否被定期维护保养，这些都是我们进行判断的依据。训练计划，一个好的健身房会给健身者提供既实用又有趣的健身计划，除去器械、力量练习以外，还会安排拉丁、瑜伽、形体等内容丰富的练习，因为只有将有氧练习和无氧练习穿插进行，才能锻炼身体的各个部位，达到最好的健身效果。服务及氛围也很重要，健身房不仅是健身的场所，还是放松的好地方。这就需要给练习者提供周到的服务以及营造一个轻松的氛围。当你去健身房考察时，一定要对健身房所提供的服务进行比较，还要留意其他健身者的层次和气质是否适合自己，因为这些因素都会影响到你日后的训练。

人们常常错误地认为，器械会把肌肉练得过于发达，影响美观。其实这个观念是错误的，在任何时候，只要你对器械的使用够恰当，它们都一样会为你带来绝对窈窕的身材，更何况它也是现今流行的塑身运动——有氧运动中的一种。

掌握一些主要器材的训练方法是非常必要的，比如，复合胸部训练器的锻炼方法：身体保持正直，单脚站立，一脚点地，肘关节抬起平行于地面；呼气，靠胸部用力，双手向前推，吸气慢放。划船机的锻炼方法：身体保持正直，单脚站立，一脚点地；腹部贴住垫子，双手抓住把手，肩胛骨收紧；

肘关节向回收，呼气，收紧背阔肌；吸气，慢放。复合肩部训练器的锻炼方法：身体略有前倾，单脚站立，一脚点地；双手抓住把手，呼气，三角肌用力向前上方推，吸气，慢放，放置肘关节略低于肩即可。立式背部训练器的锻炼方法：身体保持正直，单脚站立，一脚点地；双手抓住把手，呼气，背阔肌用力向下拉，吸气，慢放。

还有一些比较常用的训练器材，比如，臂部训练器、复合三头肌训练器、蹲式复合训练器、弓步训练器等。今天你可能不会将所有的器材全部训练到，跟着教练，不要偷懒，直到把自己累得筋疲力尽。回家之后，洗一个热水澡，再美美地睡上一觉，就什么烦恼都没了。

安静地听听音乐，完全陶醉在音乐的海洋里

生活如同一叶小舟，只有扬起理想的风帆，荡起奋斗的双桨，才能达到光辉的彼岸。无论境遇如何变化，都要歌唱着生活，不要奢望太多，要珍惜今天所拥有的，要学会从各种名利中解脱，做到得之淡然，失之泰然。

音乐是个好东西，很多音乐都能把你日常生活中的沉重压力释放出来，你能因而得到精神上的舒缓、休息和平和，享受这些美妙的旋律，让你自己感受那恬静的气氛，享受到音乐的轻抚，重拾信心。

选取一组你喜欢的音乐，在一个安静的房子里，开着音响，如果你怕影响到其他人，塞着耳机也行。选择一个自己比较舒适的姿势，斜倚在沙发上、半躺在躺椅上，或者干脆随意地让自己倒在床上，总之，你觉得怎么舒服怎么来。

然后微闭着眼睛，倒不用刻意地去留意音乐表达了怎样的一种情感，只是很随性很随意地，让音乐缓缓地流过，通过你的耳朵，传到你的心里。你可以随意地让自己的思绪飘飞，音乐让你想起什么，你就随着自己的心绪，不必强求，也不必压抑，一切都是那么的自然随性。

也许刚开始你无法完全沉浸在那片海洋里，没有关系，慢慢地让自己

6月　黄金心态，正面思维

的所有神经都放松，不要再把心思放到那些扰人的烦恼事情上，抛开外面的一切，听音乐吧。想象这片音乐的世界里发生了什么，它可能是一个浪漫的爱情故事，可能是在诉说满腔的情思，可能在表达对理想的渴望、对未来的希冀，它也有可能让你回想起从前，从前的某些人某些事，也许你已经许久都不曾想起，重拾往事，是不是会让你有一些新的感悟？

也许，在音乐的世界里，你的意识在慢慢变得模糊，不要紧，让自己慢慢放松吧，即使睡着了也无妨。这本是一个放松的空间，让身心得到完全的休息，不要因为自己在音乐的世界里睡着而感到惭愧，而应该感到幸福，让音乐伴着你入眠，是多么美好的一件事啊！

给心情放一个假

在我们每个人的生活中，都可能有不能承受之重。如果你在纷繁复杂的生活中挣扎得甚感疲惫，那么就给自己的心情放个假吧。

当一个人感到"累"的时候，他的心情一定比他还"累"。无论我们做任何事，我们的心情永远忠实地追随着我们。绷紧的弦会断，穿久了不换的鞋也会因疲劳而过早磨损。而我们的人生是件长久的事，很多的事情都不可能一蹴而就，为了将来，必要时我们一定要给我们的心情放个假。

给心情放个假，和心情谈谈吧。这样心情会告诉我们，我们真正需要的是什么。很多的时候，人们承学业之重，是为了工作的轻松应对；承事业之重，是为了生活的富足安定；承情感之重，是为了人际的和谐快乐。我们承"其"重是为了得到心情的"轻"。当我们的心情告诉我们"累"时，我们应该问问自己是不是太过于执着了。因而，每当在这时候我们应该放松我们的心情，给心情放个假。

睡个懒觉

> 精力再充沛的人，也不可能一刻不停歇地让自己的身心处于紧张状态，适当的休息，是为了让我们能以更充沛的活力进行工作。

睡懒觉也是一种本事，你不得不承认，懒觉代表了生命力的强弱，并不是每个想睡懒觉的人都睡得了懒觉，例如那些神经衰弱病患者。所以，如果你能睡懒觉就不妨睡个饱饱的懒觉吧。

关掉每天定点鸣叫的闹钟，睡个自然醒，醒了再接着睡也无妨，睡到自己实在不想睡了为止。睡懒觉还有很多好处呢，比如说有利于心情舒畅。大家应该知道，一天中，人的心情也有四季之分。春意盎然，欣欣向荣的春季；热情洋溢，充满激情的夏季；枫叶飘飘，诗情画意般的秋季；还有孤独寂寞、枯燥冰冷的冬季。喜欢睡懒觉的人，因为睡的时间比一般人要多，所以他能以最饱满的精神来迎接一天中的春，又能以火热的激情来体验一天中的夏，然后用一点点时间去品味一下秋，最后在睡梦中度过一天中的冬季。所以说喜欢睡懒觉的人是懂得分配时间，时刻把自己心情调整在最佳的状态。可以这样认为，喜欢睡懒觉的人心智要比普通人高，更会享受生活，更热爱生命，他们是一群健康的人。

睡懒觉还有利于梦想的实现。人生苦短，一个人在一生中的大部分时间都要为最基本的生计饱暖而奔波，好不容易剩下点时间，却已经筋疲力尽，没有心情再去憧憬未来的美好生活了。而爱睡懒觉的人，做梦的机会要比平常人要多，所以做到好梦的机会也比平常人要多。在梦中，他可能实现了自己的理想，生活在理想实现后的美好未来，这从很大程度上给人带来了向理想前进的动力。因为人看到了希望，看到了美好的未来，所以人们才会努力。

不要说睡懒觉的人在给自己找借口，不管怎样，偶尔睡个懒觉，给自己的身心放一个假，放松每天绷得很紧的弦，实在不失为人生的一大享受。

> 6月　黄金心态，正面思维

练习一下深呼吸

> 快乐是可以练习的，充沛的活力也是可以在锻炼中得到积蓄的，给自己一个空间，补充能量，是为了让我们能更快乐地工作和生活。

找一个舒适的位置，闭上眼睛，注意身体的感受，练习深呼吸。一边呼吸，一边充分发挥你的想象力，想象一切美好的景象和事物。想象你离开了你现在的住处，离开了日常的烦恼和快速节奏的生活；想象你穿过山谷，向山区走近，想象你到了山区，走上了蜿蜒的山路，山路的两旁，开满了小小的野花，芳香扑鼻，弯下身，采一朵，放在鼻子下面，嗅一嗅，是不是很美的味道，再一次深呼吸一下，你甚至会感觉到仿佛真的嗅到了那股清香。

进行数次练习，想象自己的能量正在膨胀，你可以做好你身边的一切事情，你会更好地处理日常生活中的一切人和事，所以，放下吧，放下那些焦虑和烦躁。你就是一只勤劳的蜜蜂，每天到处奔忙，为了采集到最甜的花粉，所以，勤劳的蜜蜂，趁这个空赶快休息一下吧。

去现场看一场体育比赛

> 激情，是生活的作料，它给我们平淡的生活带来了无限的憧憬。生活需要激情，就像沙漠需要绿洲，人体需要营养。

多数情况下人们都选择在电视上看现场直播，一则觉得在电视上看得更清楚，再则在电视上看不需要门票。但是，亲临现场观看体育比赛，就像亲临演唱会现场一样，感受的是一种激情澎湃的气氛，而且，体育比赛与演唱会相比，更能揪紧人的心。

如果有自己喜欢的比赛，一定不要错过，最好能买到一个比较好的座位。看现场和看电视不同，我们看到的电视转播，不是用自己的肉眼直接接收到的视觉信息，而是通过电视媒体工作人员（如摄像师）用摄像机拍摄并且做过技术处理的画面。而经过这层中介传递的视觉符号信息与自己直接观察的信息是不同的，因为"用以象征现实的符号，并不是现实的完全翻版。符号的作用，是在我们的理解认知过程中，另外多加了一层中介的作用。"所以体育比赛的转播中镜头语言会传递一些在现场看不到的信息。比如，电视镜头往往爱对准体育明星和比赛的成功者，宣扬一种表彰成就、崇尚胜利的情绪。看电视的过程中，传递视觉信息的符号与传递听觉信息的符号相伴而来，后者以记者和主持人的解说、评价为主，传递的是一种观点信息。这样的"捆绑"传播使得电视观众在接受视觉信息的同时自然而然地接受了电视媒体的观点。因此，"电视不仅将体育比赛本身送进我们家里，它还借运动为符码，和观众作有关个人与文化价值的交谈"。

在现场看比赛就不一样了，在现场观看比赛是用肉眼看，而通过电视观看比赛是通过摄像机镜头做中介的，观众看见的信息与肉眼所见不完全相同。在现场，我们始终坐在一个位子上，从一个角度观看，因而我们看到的也就与我们所在的位置有直接的联系。在比赛现场的每个人看到的比赛场景都是属于他们自己的视角的场景，是印有个性化印记的图像信息。与之相比，通过电视看到的是电视拍摄过程中一个到多个镜头共同组接的画面，一个动作可能从多角度观看，而且它提供的视角必然也是看比赛的一个较佳的视角。这就避免了在现场看比赛位置不好等偶然因素造成的信息损失。比如乒乓球比赛，由于球小，而球速很快，在现场只能较远距离观看，许多决定胜负的回球可能会从眼前溜过。但是电视的多角度拍摄、慢镜头能弥补这一缺憾，使电视观众看到每一个不容错过的画面。当然，看电视也意味着这些信息不是在电视机前的任意一位观众所能垄断的，选择看电视你就和其他千千万万人看到的都是同样的画面和场景。在现场观看的观众从某种意义上说是比赛的"参与者"，而通过电视观看比赛则始终是"旁观者"。戏剧理论认为，作为一种剧场艺术，戏剧受到时间和空间的限制，戏剧演员和观众处在同一现实空间之中，互相之间能够真切现实地感受到对方生命的跃动、怎样创造、如何作出反应。两者共同影响着舞台的创作。显然，体育比赛和戏剧表演在这一点上有相似之处。在现场特定的空间中，无数观众处于相同的地位，就像戏剧表演时的观众一样，他们看到的、想到的是一样的比赛，尽管他们可能想的细节不一样。但是

6月　黄金心态，正面思维

这个庞大的群体聚集在一起，就形成一个集群，促成一种气氛的形成，就好像形成了一个"情绪场"。心理学理论认为：在这种集结大型开放人群的运动会会场，常常出现"感染"现象，这种现象的一个重要特点是"循环反应"，即一个人的情绪可以引起他人相应的情绪发生，而他人的情绪反过来也会加剧这个人的情绪，整合成一个有效的群体。这大概就是为什么到了现场，许多人就会比在电视前观看得更加投入，情绪波动也更加剧烈的原因。

这样投入的积极的接受心理势必会使观众对比赛现场的观看更加投入，更有助于他们对视觉信息的获取和接受。

到现场观看比赛还是坐在家里看电视？实际上两种方式无好坏之分。因为它们各自面对着不同的受众。但是对于经常坐在家里看电视的你来说，去现场感受一下体育比赛的紧张和狂野，会是个不错的选择。

计划一次冒险活动

> 世界上没有人会心甘情愿地去冒险，因为风险常常是失败的导火线，但是如果你能化险为夷，那么你获得的回报将远远要比不冒风险做事所取得的回报高得多。

这个世界上一定有什么事是你很想做，但又一直不敢做的，因为在你看来，这无疑是一次冒险。人生苦短，何不让自己的人生多一点点刺激的经历和回忆。

你的冒险活动可能是独自一人去某个地方，比如沙漠、雪地等一些人迹罕至的地方。想想你要如何到达目的地，到了那之后，该如何生存，要做些什么事，如果遇到危险状况，该如何应付。所有这些问题你都要一一想到，如果你真的要去的话，这些情况很有可能都是会遇到的。

认真计划，包括每一个步骤和细节，因为说不定哪一天你真的就付诸行动了，你在计划的时候，难道没有感觉到你内心的冲动已经愈加强烈了吗？不过，千万不要凭着一时的冲动就立马行动，问问自己，现在时机成熟吗？你觉得自己已经具备了冒险的能力了吗？

记住，这是一次冒险活动，而不是儿戏，所以，要详细地计划一番。

也许你的冒险活动是完成某项工作，做一件在你能力范围之外的事，比如你想通宵工作，比如你想参加模特大赛，比如你想和外国人对话，等等诸如此类。

虽然有些事情在别人眼里，并不是一件特别难的事，但是每个人的能力是不同的，每个人所擅长的项目也不一样，不要因为某人的轻而易举，而对自己的冒险活动羞于启齿，敢于挑战自己就是人生最大的勇气，就是人生最大的冒险活动。

去咖啡馆坐坐

追逐情调并不是追逐一种物质上的满足，而是一种心理的宽慰，更确切地说是一种思维情绪的升华。没有情调，生活就没有颜色。

咖啡馆是一个非常有情调的地方，弥漫着一种浪漫的气氛。在那里，你可以和情人讲绵绵情话，窃窃私语，甚至来一场求婚也不错。

当然，你也可以独自一人很随意地喝喝咖啡，然后什么也不用做，只是静静地坐着，让咖啡馆里的音乐缓缓地流过，然后你微闭着眼睛，想想今天你都做了什么，遇到了什么人，什么人什么事给你留下深刻的印象，明天你打算做点什么呢？或者你可以静静地思考某个问题，这是一个很好的沉思的场所，没有人打扰，没有其他事情的压力，你可以很专注很放松地去思考任何问题。

你还可以把你要做的事搬到咖啡馆去做，比如起草一份文件，写一封信，写一篇日记，或者看看工作计划。

如果看到有和你一样孤单的人，不

6月　黄金心态，正面思维

妨走过去和他（她）打个招呼，问对方自己是否可以坐下来，大家一起聊聊。当然，这个人最好看起来比较有意思，看起来比较随和，喜欢结交朋友。

如果觉得一个人有点落寞，那么就找个人和你一起坐坐。这个人不一定是你的爱人，甚至找一个同性的朋友都可以，两人可以随意地聊聊天，或者就某一个彼此都很感兴趣的话题，认真地交流一番。谈谈人生，聊聊彼此的梦想，或者只是谈谈彼此生活中的一些小插曲。

像个孩子一样地捉萤火虫

> 童年，在每个人的心目中仿佛都是那么的无忧无虑，因为简单所以快乐，因为容易满足所以幸福，如果能永远保留一颗童心，就可以让那份天真与浪漫永恒。

夏天的夜晚，最快乐的事莫过于捉萤火虫，相信每个人的记忆中，都有关于捉萤火虫的快乐回忆。虽然我们已经长大，但是萤火虫依然在迷人的夏夜快乐地飞舞，追赶它们快乐的舞步，追赶我们童年的脚步，快乐还要去何处寻找？其实，它就在我们的身边，用心去体会，就能发现生活的乐趣。

像从前那样，拿一个网兜，追在萤火虫的屁股后面，看准了，就猛地罩过去。别看现在长大了，跑起来可能比小时候更加快了，但是你肯定失去了小时候的灵活，别灰心，今晚能捉到一只也算是成功了。况且，我们追求的是捕捉过程中所得到的快乐，而不在于最终是否能捉到，能捉到几只。

最好能和某人合作，一人追着，一人用一个小瓶子装着这些捕捉到的萤火虫，小时候和小伙伴不就是这样愉快地合作的吗？如果能和爱人一起捉萤火虫，那一定是一件非常浪漫的事情，虽然看起来有些傻气，但恋人之间的浪漫，在外人眼里，有多少是明智之举呢？因为傻气，所以快乐；因为傻气，所以难得。

如果你已经为人父母，那就和自己的孩子一起玩这个游戏吧，有这么可爱的父母，你的孩子该是多么的幸福啊！

参加一场辩论赛

> 会说话是一种资本，是一门艺术，好口才是人的金字招牌，口才是成功与幸福的阶梯。培养魅力口才，塑造完美人生。

辩论赛是参赛双方就某一问题进行辩论的一种竞赛活动，实际上是围绕辩论的问题而展开的一种知识的竞赛、思维反映能力的竞赛、语言表达能力的竞赛，也是综合能力的竞赛。

如果你知道某个协会正在组织这样的活动，赶快报名参加吧！如果没有遇到这样的机会，你也可以自行组织这样的活动。作为发动者，号召你的朋友都来参加，可以不用搞得很复杂，组成正反方两队人就行。一般每队参赛人员4名，那么两队人就应该有8人。安排好每队人员中的角色，谁是一辩、二辩，以此类推。

辩论赛活动，要有一名主持人，亦称主席，负责主持辩论活动，以及维护辩论会场的良好秩序，保障辩论活动按照辩论规则有秩序地进行。所以这名主持人的选择，要慎重，一定要是位有主见、果敢干练的人。

辩论赛既然是一种竞赛活动，那么参赛者谁胜谁负，就需要有人作出评论和裁判。评判人员最好是具有与辩论内容相关的专门知识的人员，他们数人组成评委或评判团，其中设一名评委主任或一名执行主席，由主持评委或评委团会议进行评判。评委人数视情况而定，看看你能召集到多少有实力的人，四到五人是最好的，人太多，意见容易出现分歧，人太少又容易有失偏颇。

正规的辩论赛，一般都有公证人到场，负责对辩论竞赛活动及竞赛结果进行公证，为辩论赛活动及有关人员提供法律认可的证据。当然，如果你们是自行组织的活动，没有那么正规，就不必那么麻烦了。

整个比赛应该按照规则来，每个人都要认真准备，尽心尽力地发挥自己的思辨能力和口才。

最后评出最佳辩手和其他奖项，至于奖品，就得你们共同出资筹备了，关键是，让每个人觉得这是一次有意义的活动。

6月　黄金心态，正面思维

练习瑜伽

> 生命在于运动，健康需要运动，充沛的大脑活力来自运动，多给自己的身体一些运动的机会，让你的人生充满活力。

上班族每天为前程打拼，疲劳的眼睛、僵直的颈椎、酸痛的腰背，是否正困扰着你？聪明的你，有没有自己的应对之策？没错，运动！没时间去健身房，不妨在工作的间隙来做做瑜伽工间练习，舒展一下筋骨，抖擞一下精神，让你一整天都神采奕奕！

瑜伽一定要空腹练习。如果胃里有食物的话，练习时就会感觉身体沉重，不能充分扭转拉伸身体。因为在做动作时，食物还会在胃里和身体一起动，这不利于身体健康。而且瑜伽不仅作用在身体上，还作用在能量上，如果胃里有食物的话，能量就不能平衡流动到身体的每一个部位，大多数的能量都会流向消化系统，用于消化食物，练习也就得不到益处。因此瑜伽最好的练习时间是在早上空腹练习。如果吃了丰盛的食物的话，至少要间隔3～4小时才能练习。而且练习完以后要等半个小时才能吃东西。

练习瑜伽的态度非常重要。练习时要谨慎，动作要轻柔。眉头紧蹙，过于紧张都会降低练习的效果，甚至导致损伤。要记住脸上只是挂着一丝微笑也会有缓解面部紧张的作用，微笑会给你带来轻松，使全身松弛。从练习中寻找到乐趣也很关键，它反过来可以增加身体的灵活性，加强力量，增大运动幅度，使身心意识的境界得到提升。

要在安宁、通风良好的房间内练习。确保室内空气较新鲜以使可以自由地吸入氧气。也可以在室外练习但环境要愉快，比如在有花木的美丽花园里，不要在大风、寒冷或不干净的、有烟味的、难闻的空气中练习。

练习场地不宜太硬或太软。瑜伽是不受场地限制的活动之一，无论在家里的客厅、卧室、阳台，或是办公室、户外场所，只要有一个可容全身平躺或伸展的空间即可，但由于瑜伽动作涉及许多柔软动作，练习时难免有挤压肢体和肌肉的状况，所以应避免在坚硬的地板或太软的弹簧床上练习，否则会意外受伤。因此在家练习瑜伽时，最好在地上铺块毛毯或瑜伽垫。

练习前要做好充分的思想准备。练习时要先进行热身，这点非常重要。因为，热身可以帮助身体做好准备，在练习时感到更轻松，防止发生意外伤害。还可以改善意识状态，有利于瑜伽练习和身体健康。热身可以改善血液循环，有利于全身的协调和舒展。

热身有助于把注意力集中到呼吸上，使呼吸均匀。这样可以增加氧气吸入量，提高能量水平，更好地集中注意力。不仅如此，练习所带来的肌肉绷紧也会因为事先热身而减轻，热身使血液循环加快，肌肉的供氧增多，加速了体内毒素和废物的排出。

认真接受老师的指导，从最简单的动作开始，按要求逐渐加大动作难度。按照所建议的时间来保持某个姿势，不要产生紧张感。经过一段时间的定期练习就能达到更高水平。不要为了获得最大益处就尝试难度最大的姿势。按照自己身体的实际情况，保持当前的练习水平就会收到最好的效果。如果受生理条件的限制，如肌肉紧张、关节不灵活或旧疾等，不能练习更高一级的姿势，你也不应灰心，要相信你正从当前练习中获得益处。练习时应小心谨慎，不要强迫身体练习某些姿势。

打一次水仗

如果说平淡让人感悟生活，那么激情让人赞美生活。人生需要接受平淡，但同样也需要享受激情，这样的人生才算完整。

小时候，每到夏天，男孩最爱玩的一种游戏就是打水仗。现在，夏天又到了，找几个同龄人，大家再打一场水仗吧。

这种游戏可以两人玩，也可以多人玩，看看你们能凑成多少人，分成两队，然后用滋水枪互相射击。这种滋水枪可以自制，首先要选取一段带竹节

6月　黄金心态，正面思维

又没有裂纹的竹管，用锯条截成 30 厘米左右长，在竹管的一段留着竹节，不能打通。再找来一段细铁丝，在火上烧红，然后用它将竹节烫出一二个小孔。这项工作我们必须干得十分认真，因为这两个孔就是滋水孔，孔太大，水流粗，滋不远；孔太细，抽水和滋水都费力。竹节烫好后，再找一段细竹棍，顶端绕上破布，用线扎牢，制成抽水活塞，插入竹管中。将竹管带孔的一端放入水盆，抽动活塞，水就被抽进竹筒，就像打针的注射器。然后迅速用力推动活塞，竹管中的水就被滋射出去。制作较好的滋水枪，射程能达到七八米远。

打水仗时，每个人面前只需备上一盆水作为水枪的子弹，双方就可以开战了。谁的滋水枪做得好，射程远，水力强，谁打水仗就有优势。

打水仗时，女孩子就不要穿平时舍不得穿的漂亮衣服了，打水仗就是豁出去了，大家不顾一切地奋力拼死，那样才能尽兴。拼杀到最后，免不了每个人都被弄得浑身水淋淋的，玩累了，再回去洗个热水澡，别提有多清爽了。

一整天待在家里

> 人要抵达彼岸，必须先经历黑暗和痛楚。就像一个人的生活态度，并不是单纯的乐观或悲观，颓废或积极的问题，而是一种互相交织的过程。

一整天待在家里，只有窗外天空的颜色在发生变化。

待在家里，放下平日在外奔波的劳累，让自己的身心安静地休息，你可以和家人一起享受天伦之乐，也可以一个人自由自在地随便做点什么。

待在家里，你可以趁机收拾一下房子，是不是很久都没有整理了，来一个彻底的大扫除也是一个不错的选择。如果你只是想好好休息，那么就在房间里放上美妙的音乐，坐在沙发上看看小说，渴了吃几口西瓜，兴致来了，哼几首小调，随意地舞动一下身姿。

当然，如果你觉得一个人闷得慌，也可以找几个同样闲得无聊的朋友，煲煲电话粥。

如果有人邀请你出去玩，不要觉得不好意思拒绝，或者你可以邀请他们来你家来玩，大家坐在一起随便聊聊天，看看电视，玩玩扑克，吃点小零食，难得大家在一起享受这种可以暂时甩开工作压力的休闲。

暂时抛开那些吧，自己的心情自己做主，自己的生活也可以自己修整，如果你愿意，你完全可以做得到。

在黑暗中跳舞

> 人生的境遇难以预料，有些人可能生而富贵，但难求一生平安顺利，而有些人可能生而贫贱，但不代表一生潦倒困苦。

如果你害怕自己的舞姿太难看，觉得难为情，那在黑暗中跳舞是最好不过的了，谁也看不到你的样子，连你自己都看不到。

如果觉得一个人跳舞没有气氛，就找一帮朋友过来，在一间大大的空房子里，开大音乐，关掉所有的灯，一群人尽情地舞吧。

没有灯光，在黑暗中，你可随意地跳，甚至可以边跳边唱，即使你的歌声被淹埋在音乐声中，看不见自己的样子，听不见自己的声音，但是你可以尽情地发泄，那种感觉是不是特别棒吗？

在黑暗中，你可以尝试最近新学的舞步，虽然你看不到自己的姿势，但你可以暗自感觉一下，是否能够找到流畅的感觉，你可以反复地尝试，如果不行，那就抛开这一切，不讲求任何规则和章法，能让你的身子舞动起来就行，直到大汗淋漓。

第三卷

秋之果

——收获的季节

当零星的金黄点缀茂密的鲜绿,
有一种沉稳的脚步渐行渐近;
当层林尽染,硕果累累,
有一种厚重在慢慢沉积。
金色的美丽,
呼应岁月走过的痕迹,
诠释生命流动的内涵。

7月

懂得付出，珍惜拥有

　　花园里之所以能一年四季开满不败的鲜花，是因为花粉在不断地传播。花粉之所以能不断地传播，是因为花朵把它付出给了蜜蜂，这样，花才能获得生命的延续。

　　阳光雨露，鸟语花香，上帝毫不吝惜地公平地给予每一个人；快乐喜悦，烦恼哀怨，却仅属于自己。生命，总是美丽的。不是苦恼太多，而是我们不懂生活；不是幸福太少，而是我们不懂把握。

7月　懂得付出，珍惜拥有

参加一次义务劳动

> 有一种魔力，它没有太阳的热烈，没有月亮的柔情，却始终散发着微弱的光芒，在你看得到或看不到的地方。这是一种叫作奉献的精神，它成全了多少人的快乐啊！

你是不是常常只为报酬而劳动，我们每天的工作，甚至兼职，最大的动机都是来自于劳动后能获得报酬。尝试一次义务劳动吧，不计报酬，体会一种叫作奉献的快乐。

参加义务劳动的方式很多，有单位集体组织的，也有专门的义工组织的，或者你可以自己发动一些朋友，为需要帮助的人提供义务帮助。参加义务劳动，必须最好事先跟被服务的对象取得联系，征得对方同意后方能行事。不要以为我们义务提供服务，对方理应感恩戴德，因为，为对方服务也必须在别人方便的时候，否则，可能好心反而给别人制造麻烦。比如，去敬老院照顾孤寡老人，就必须事先和敬老院的负责人取得联系，说明来意，由敬老院的负责人根据老人们的活动安排来确定时间，否则，可能会破坏老人们原本的活动计划。

义务劳动，也要像平时的有偿劳动一样尽心尽力，甚至更加投入，因为平时的劳动可能是迫于压力，而今天却是心甘情愿地付出。义务劳动也要讲究劳动质量，不能因为没人督促和检查就马虎对付，比如，去公园做清洁工作，就要注意清扫每一个角落的垃圾，不能在公园转一圈就算了事。义务劳动不只是为了乐趣，更是为了奉献，是真正的付出。这点首先要从思想上认识清楚，可能对于很多学生，或者工作人员来讲，参加集体组织的义务劳动，只是把它当作普通的一次集体活动，仅是从形式上完成一次任务，倘若如此，就背离了义务劳动的初衷。

一年应该用心去做的事

参加一次募捐活动

> 奉献是一种美德，也是一种快乐。这个世上，总有一些人，是值得我们无所求地去奉献的。奉献收获的是快乐的果实，沉甸甸，在我们心里，永远鲜亮。

慈心为人，善举济世，关注社会弱者是社会各界共同的义务和责任。伸出你的手，伸出我的手，就能为贫弱者撑起一片蓝天。

参加一次募捐活动，不论是哪个机构组织的，不论是捐献给谁的，总之，我们知道，组织者是为了给献爱心的人一个奉献的入口，接受捐献的人是需要我们关心和温暖的不幸者。

捐款或是捐物，捐多少，这都不是重点，尽力而为，量力而行，一切视个人能力和爱心而定，没有法律强制规定，也没有政府的强行指令，这是个人付出的自由之举。你要相信，你捐出的不仅是一点金钱或物资，而且是关爱生命的一片爱心，得到的回报将是受益者一生的感谢。

捐赠不分多少，善举不分先后，爱心点点，汇流成河。阳光五彩斑斓，生命生而平等，爱心的阳光照耀生命，生命从此多姿多彩。你献出一片爱心，将给困境中的弱者带来生命的温暖、生存的勇气和生活的希望。

7月　懂得付出，珍惜拥有

为全家人做一顿可口的饭菜

> 为爱付出，不在于多么轰轰烈烈，只在于生活的点滴，因为体贴，所以感动，所以幸福。

家里总有一个人经常做饭，那个人可能是你，也可能不是你，不管是谁，今天你掌厨，精心为全家人做一顿可口的饭菜，拿出你的绝活来。

下班后早点回家，回家的路上，想想今晚你都要做些什么好吃的，在心里仔细谋划一下。当然，别忘了事先告诉大家，早点回家吃饭。

可能你的家人每一位都有自己的最爱，那么为每一位做一道最爱吃的菜，你还可以试验刚从菜谱上新学来的菜。不要担心做不好，即使失败，家人也会原谅你的失误，因为你的心意已经让他们万分感动。

你还可以做一些小点心，如果你自己做不好，去外面的点品店买一点也可以。总之，这顿饭要尽量丰盛，让家人有一个不同以往的晚餐。另外，准备一些饮料和水果，完美的晚餐少不了这些点缀哦！

做完后，准备好餐具，静静等待他们的归来，等待收获一份份的惊喜和感激吧！

为不敢实践的梦想勇敢地跨出第一步

> 我们每一个人都可能获得自己的天堂，关键是你想不想去获得，敢不敢去获得，会不会去获得，怎样去理解和认识这种获得。一个答案在耳边响起：勇敢付出，为梦想跨出第一步。

很多事情不是你不想去做，而是你不敢去做，因为你害怕失败，因为你还没开始行动就认为自己不可能成功。每个人应该都有这样的隐藏在心底的梦想吧！比如，你想做一名歌手，但从来不敢在大庭广众的场合唱歌；

你想当一名作家，但你从来不敢投稿；你想做一名服装设计师，但你从来不敢拿着你的作品去参加任何的比赛；你想做一名新闻主播，但你从来不敢站在演讲台上……所有的这一切，都源于你缺乏自信，也不敢付出。也许你现在的水平离实现你的梦想还很遥远，但是，你真正害怕的，其实是为实现梦想所要付出的艰辛，因为你觉得，那实在遥不可及。

其实，你错了，任何事情没有真正尝试过，谁也无法预料它的结果。起码，你可以先跨出第一步。勇敢地跨出第一步，起码可以让你清楚地看到你真实的水平。如果你想唱歌，就勇敢地大声唱出来，说不定会赢来鲜花和掌声；如果你想写作，就勇敢地把你写的东西投递出去，说不定你会等到一个惊喜；如果你想设计服装，就勇敢拿着你的作品去你梦想的单位应聘，说不定你会从此踏上你梦想的职业生涯；如果你想播报新闻，就勇敢地站在演讲台上大声朗诵一次，说不定你会让自己都觉得惊讶……

不要再犹豫了，拿出你的勇气来，大不了从头再来。

实现梦想并非遥不可及的事，只要勇敢地跨出第一步，就会离目标越来越近。

去敬老院当一次义工

> 人好比一棵树，你关心的人越多，生存的意志就越强。你对他人的爱是从身上长出的根须，将土地牢牢抓住，其中，有一种爱的根须最长，抓得最牢，那便是对老人的爱。

去敬老院之前想好为老人带点礼物过去，比如，老人的营养品、保健品，等等。给老人买营养品不能随心所欲，要注意种类。因为有些老人患有糖尿病、高血压、高血脂等疾病，所以，去之前最好咨询一下敬老院的工作人员，给老人带什么样的营养品比较合适。

去了之后，注意自己对老人的态度，要有耐心。老人就像一个孩子一样，有时候可能会比较任性，你要学会多哄哄他们。比如，老人有时会跟你倔一下，不让你帮他们打扫房子，但如果你坚持一下，娇嗔地说一句"这

> 7月　懂得付出，珍惜拥有

么脏还不让打扫，下次不来看你了"，他们会做出让步的。

这些上了年纪的老人，有一些已经分不出现在和过去的不同，他们只知道，幸福是一件十分简单的事，就是有人聊天，有人关心，吃饱穿暖。所以，要多陪这些老人聊聊天，做做游戏，给他们讲笑话，告诉他们平时要吃好睡好，多注意身体，就是对他们最大的爱心和付出了。

老人老了，但心不老，眼不好，但心明，他们知道谁是真心的，他们能体会到那种无私的爱和关怀，他们会感受你带给他们的温暖和快乐。所以，你的付出是很有价值的。

亲手为所爱的人做一件礼物

> 爱是件让人幸福的事，无论是获得，还是付出，都是一种享受。为爱付出，在生活的点点滴滴中用心投入。

送爱人礼物，相信是每一个沉浸在爱河中的人都做过的事，每个人送的礼物各不相同，都是为爱人精心挑选，但你有没有人试过亲手为所爱的人做一件礼物呢？

亲手为所爱的人做一件礼物，不在乎做得多么别致，只要是你用心去做的，对爱人来说都是莫大的幸福。想想你能做什么，织一双手套、做一顿丰盛的晚餐、制作一个随身携带的幸运符、叠几个幸运星，等等，哪怕只是写一首诗，编一个花环，制作一个小玩偶。不要觉得可笑，也不要觉得幼稚，不要以为这是少男少女们才玩的小游戏，即使相处得久了，平淡的生活也需要制造一点浪漫，这样生活才会有情调。

亲手为爱人做一件礼物，不要在乎形式，每个人都有每个人的方式，也许你和你的爱人有你们之间独有的默契，相信你会做得很好。

一年应该用心去做的事

把一些看似无用的东西整理一下收藏好

> 我们想要的，总是那些还没有得到的，而身边拥有的，在我们眼里却是暗淡的。我们常常在随意丢弃这些拥有，你真的确定它们没有价值吗？也许有一天，你会后悔没有珍惜。

在我们的生命中，有些东西开始看不出它的价值，我们便将它当作无用的鹅卵石丢弃了，而等到发现它原来是钻石的时候，已经后悔莫及。

所以，有些东西看似无用，碍眼，占地方，但如果我们找个时间，认真整理一下，收藏好，说不定哪天就能派上用场了。

你的家里必须准备一个收藏杂物的盒子或是袋子，把那些一时间还分辨不出价值的东西收集在一起，比如，家电、家具的零件。

这些东西现在的确没有什么用处，那么整理好之后，找一个比较隐秘又不占空间的地方放起来。

但是，千万要记住自己放哪了，否则，等真正想用的时候，找半天都找不着，那么你的收藏在一定程度上就失去价值了。

如果害怕记不住，可以在记事本或者备忘录上记上一笔，以备后患。

培养业余爱好，认真练习

> 勤劳不是一种刻意的磨难，不是强迫自己的无奈，而是一种可以收获许多快乐的品质，当勤劳成为你发自内心的最为自然的一种习性时，你便已经拥有了这种难得的品质。

每个人天生都具有独特的视、听、触以及思维的方式。正因为这样，每个人都有可能具有一技之长。所有，每个人都应该及时发掘出自己的特长和潜能，多加练习，让潜能变成真正的一技之长。

7月　懂得付出，珍惜拥有

兴趣是最好的老师，兴趣常会使人表现出积极的情绪，从而导致行为上爱好某项活动。想想你自己都有些什么业余爱好，体育、音乐、美术、文学，哪一方面能让你产生兴趣。如果你想取得很好成绩，最好请一名比较专业的老师来指导你，这样你的练习才能不偏离正轨，不要抱着这样的观点：业余的爱好，随便玩玩就行。学会认真对待，就像对待你的专业一样，至少，可以让你不只是工作的机器。业余的专项特长的精湛，绝对是你个人魅力的展现。

帮爱自己的人完成一个心愿

你身边的每一个人都有自己的心愿，你或许没有精力去一一关注，但有一个人的心愿你却无法忽视，那就是最爱你的那个人。

如果你们有默契，或许你心中已经明了对方的心愿，一直想着有一天为他（她）实现这个愿望，只是总是明天复明天。如果是这样，就让今天成为一个圆梦的日子吧！如果这个梦想非一日所能成就，那么就从今天开始。

如果你平时太过忙碌，没有时间去关注对方的心愿，那么你可以大大方方地告诉对方："亲爱的，你有什么心愿啊？今天是个圆梦的日子，你要抓住机会啊！"很多时候，爱人的心愿往往是很简单的，比如，只是想让你陪他（她）看星星，跟他（她）好好享用早餐，陪他（她）看夕阳西下，等等。当你有闲暇的时候，这是那么的简单，但当你行色匆匆的时候，却又是那么的难以实现。

当然，也许对方的心愿看起来有点难度，在目前看来仿佛一个梦想，比如，环游世界、去冰川雪地探险之类的，那也不要因为难以实现就垂头丧气地说，对不起，我无能为力。你可以尽可能地实现一点点，比如，环游不了世界，可以先去一个最想去的国外城市；去不了冰川雪地，可以先去一个下雪的城市。

无论以何种方式实现何种梦想，一点最为重要，那就是尽你最大的努力让你的爱人满意。

认真回忆过去，仔细想想学到了什么

> 你或许是从开满鲜花的浪漫之旅一路走来，又或许是从布满荆棘的坎坷之途蹒跚而来，那些过往也许已经淡漠，也许刻骨铭心。但是上苍留给我们的最好礼物便是回忆，让我们学会珍惜那段记忆吧。

过去的每一段经历，无论好与坏，都是为了让我们今天能够更好地生活，更好地把握明天幸福的方向。

所以，倘若快乐的，辉煌的，要懂得珍惜，珍惜不等于躺在过去编织的鲜花丛里睡大觉，而应把它当作垫脚石，跳跃得更高更远；倘若痛苦的，惨烈的，要学会从中吸取教训，把它当作警钟，当下次遇到同样的情况时，我们便会知道该选择哪条路。

无论过往美好或是惨烈，都是一种经历，人生的每一段经历都是为了告诉我们明天学会更好地生活。

仔细想想，那些过往，都让你学到了什么，告诉了你怎样的人生道理。

相信老天爷的安排都是有它的道理的，也许你太过脆弱，老天爷就让你经历一些痛苦让你变得坚强，也许你太过天真，老天爷就让你经历一些挫折让你知道生活的现实，让你走出象牙塔的梦幻迷雾。

无论快乐或不快乐，都已成为过去，挥挥手，告别过往，勇敢地向前，留下体味和感悟。

仔细想想现在拥有的美好

> 生命在于乐观面对，用心感知，生命因此会变得更加珍贵和更加有意义。

凡尘俗世，要追求的东西太多，得到或得不到，都有万千烦恼，牵扯

7月　懂得付出，珍惜拥有

人的神经一生得不到安宁。

人生在世，不要过多计较所谓成败得失，生命是短暂的，放下心中的不快，把握好眼前的人生，去安心体会生命的意义，这就是生命之所在。

仔细想想现在拥有的美好，用欣赏和快乐的眼睛看待你身边的一切：你的工作，你的家人，你的朋友，你享受的每一缕阳光，每一口清新的空气，都是那么的美好。

这世间，美好的东西实在多得数不过来。我们总是希望得到很多，让尽可能多的东西为自己所拥有。

人生如白驹过隙一样短暂，生命在拥有和失去之间，不经意地流干了。如果你失去了太阳，你还有星光的照耀；失去了金钱，你会得到亲情；当生命也离开你的时候，你却拥有大地的亲吻。

在不经意中失去的，你还可以重新去争取；丢掉了爱心，你还可以在春天里寻觅；丢掉了意志，你要在冬天里重新磨砺；但丢掉了懒惰你却不能把它拾起。

欲望太多，成了累赘，还有什么比拥有淡泊的心胸让人更充实和满足的吗？

选择淡泊，珍惜拥有，然后继续走自己的路！

故地重游，寻找逝去的美好

> 有一种美好，永远停留在过去的某一个地方，因为已然逝去而弥足珍贵，因为怀念而更加难忘。过去的已经无法回头，但也许还可以循着曾经的足迹，寻找回忆的斑点，在心里久久珍藏。

回忆是具体的，一件具体的事，发生在过去的某个具体的时间，具体的地点。事情已经过去，时间已经改变，也许唯独只有那个地方，还一如往昔。

故地重游，不是为了沉迷过去，不肯醒来，而是让过去的欢笑和快乐重新充盈心间，体味生活的美好与幸福，尤其当你感觉到生活的苦闷和无奈的时候，曾经的美好会激起你找回幸福与快乐的信心和勇气。

故地重游，也许有的人已不在身边，循着记忆的足迹，找回的是过去的那种感觉，感觉还如往昔那般美好。失去了，是让你现在更懂得珍惜身边拥有的，不要让今天的遗憾在明天重演。

故地重游，是告诉你有些事无法逃避，必须面对，也许你曾经犯下过错，才让美好失去。当美好在心中重新演绎的时候，仔细想想你错在哪里，你该如何去纠正和弥补。勇敢面对，积极更新你的人生，认错改错不是让你把过往的痛苦久久在心里缠绕，是让过去点燃今天行进的路灯，而已经逝去的，如果可以，选择放下，轻装上阵，你会比昨天走得更好。

故地重游，同样的地点，却已是不一样的姿态。

邀老朋友一起吃顿饭

> 老朋友是一杯陈年老酒，年代越是久远就越是醇香浓郁。喝酒不可贪杯狂饮，却可以轻酌小口，细细品味，偶尔一小杯，让人久久回味。

老朋友之间可能不会经常见面，隔三差五的一个电话，一句问候，便可以代表很多。不过，有时间请老朋友吃顿饭，话话家常，对彼此都是一种享受，也是对友谊的一种珍视。

邀老朋友吃饭可以少却很多繁文缛节，一个电话，一个简单的邀约就可以了，"下班后一起吃顿饭吧，老地方见！"老朋友之间，就是有这样的默契，吃饭其实只是一种形式，见面聊聊才是彼此心中真正渴望的。

吃饭的时候，可以喝杯小酒，也许彼此心中都有一些苦闷，生活的劳累让身心有些疲惫，倾诉是一种情绪的释放。老朋友之间的默契，也许不用说太多，就可以读懂对方的心情，

7月　懂得付出，珍惜拥有

老朋友的安慰也是最贴心的。当然，也不必把见面搞得伤感惆怅，让人陷入某种情绪，越陷越深。说点开心的事，彼此分享对方的快乐和收获，把自己的体会告诉对方，特别是生活的领悟和成功的经验等。

还可以说些过去的事，共同回忆一下成长的经历。回忆的过程，也许会有新的感悟，同样的过往，每一次的回忆，也许都会有不同的感受，这就是成长的足迹。

全力照顾生病的爱人或是朋友

> 爱的全部就是付出与回报之间的感动，懂得爱的人才会舍得付出。为爱而付出，不在于做多少轰轰烈烈的大事，而在于生活中的点点滴滴汇流成河。

生病的人，往往比较脆弱，不但是身体上，心理上也是如此，如果此时身边有人嘘寒问暖，悉心照顾，那对于病人来说，是最好的精神康复之药。

如果你爱对方，关心对方，此时此刻，你就最应该出现在对方的身边。放下你手中的一切活动和工作，不离对方半步，陪他（她）看完医生，照顾他（她）吃完药，按照医生的吩咐，他（她）该躺下休息，那么让他（她）静静地休息一会。此时，也许你也可以抽空做做你的工作，这也叫忙里偷闲吧。或者你也可以为病人熬点粥或者煲点汤，病人身体脆弱，往往不想吃太油腻太辛辣的东西，这些滋补类的汤、粥最适合病人了。

病人也许有哪里不舒服，问问他（她），是不是需要你给捶捶或者揉揉。病人也不能老是待在家里，适当地出去呼吸一下新鲜空气，对身体康复有好处。傍晚时分，太阳快要下山的时候，搀扶着病人去外面散散步，比如，小湖边、小树林里。

注意，不要在外面待得时间太久，病人的体力不如正常人，早点回家，做点病人想吃的东西，好好地陪病人吃一顿晚饭。当一天就要过去的时候，问问他（她）今天感觉如何，是不是好了一点呢！

一年应该用心去做的事

把今天用过的每样东西都归位

> 生活是一种习惯,勤快是一种习惯,懒惰也是一种习惯。每个人都应该养成勤快的好习惯,并且在一种坏习惯养成之前,及时制止自己,使自己向好的方面发展。

很多人都有一个不好的习惯,用过的东西就随地乱扔,虽然把它们放回原位其实也就是顺手的事,但是就是懒得动,久而久之也就成了习惯。等到时间长了,一天或者几天下来,屋子里就会被弄得乱糟糟的,这时候再去找某样东西,就再也找不着了。

这种习惯很不好,要早点改掉,不要光说不练,就让今天成为一个开始吧,不管你今天用过什么,统统都要立马归到原位。

看看你今天所做的事,做早餐、去上班、工作、回家、洗澡、睡觉,等等,你做这些事的时候都动过一些什么东西,你都放在什么地方了,用完之后,赶快回归原位。如果当时因为要上班没来得及,那么下班回家以后一定要记得把它放回去。

在你的空间里每一件东西,不管是在家里的,还是工作单位上的,都应该看起来就像你还没用过它之前是一样的。快下班了,把办公桌上的文件整理好摆成堆,放在该放文件的地方,将废纸、废用具扔到垃圾桶里,喝过水的杯子放到该放的地方。

下班回家,吃完饭后,赶紧去收拾厨房,把每一个盘子和器具都洗好,放到橱柜里,把厨房清理干净,就跟做饭之前一样的整洁。

睡觉之前,再检查一下,看看房子里还有什么东西没有回归原位,确保每一件东西都整整齐齐之后,再上床安心睡觉。别忘了,明天继续,好习惯在于坚持。

7月　懂得付出，珍惜拥有

去自己最向往的大学听一堂课

> 人生难免有遗憾，但是如果你有能力去弥补这个遗憾，就不要犹豫，尽力去做，不要瞻前顾后。

每个人心中应该都有自己最向往的大学吧，但是并不是每个人都能如愿以偿，如果你曾经向往的大学就在你现在生活的城市，那很方便，坐公交车就能去上一堂课。如果不在同一个城市，那就比较麻烦一点，可能要坐飞机，想想是不是觉得不可思议，有这个必要吗？可是如果你不去的话，是否心中会留有这个遗憾呢？这个问题还是自己在心里好好权重吧。

最好事先查一下这个学校的课程表，你想听什么课？想听哪个老师的课？看看跟你的时间是否吻合？上课地点在哪？一切情况都要了然于心，这样可以节省时间，还可以做到有的放矢。

既然去学校听课，就要把自己打扮得像个学生，如果你已经毕业了，也要带上笔记本和笔，像其他学生一样，赶在上课铃声响起之前就到教室，找个合适的座位坐好。也许你已经很久没有安安静静地坐在教室里听课了，感觉是不是有点不适应？是不是都有点坚持不下去了？既来之，则安之，不要影响其他人。而且，用心地去听老师的讲课，认真地记笔记，很快就会找到那种久违的感觉。

如果你有什么没听懂的地方，不要犹豫，也不用担心自己的问题有什么幼稚之处，大胆地站起来，向老师提问。每个老师都会很欢迎学生及时的提问，因为这样表示有人认真听讲并在努力思考。

一年应该用心去做的事

用心关注身边的亲人

> 血浓于水,是人世间最无法割舍的感情,也是人世间最真挚的感情。努力为爱付出,首先就要为亲情而付出,懂得爱自己的亲人,才会懂得去爱其他人。

最关心自己的人,总是最容易被忽视的人,不信你用心想想,你平时有没有关注过身边的亲人。可能你觉得很委屈,我天天看着呢,怎么没有关注,但是,你又为身边的人做过些什么呢?

早上起床,对身边的亲人道一声早安,也许平时你没这样做过,也许他们会瞪大了眼睛惊异地看着你,但很快他们的惊异就会变成喜悦和欣慰。如果有空,为大家做一顿早餐,叫大家起床一起吃顿愉快而丰盛的早餐。

该吃午饭的时候,给亲人打一个电话,叮嘱他午饭要吃好,如果有时间就午休一下。下班了,再打一个电话,叮嘱他下班早点回家,路上注意安全,一起回家吃饭。

不管平时谁做饭,今天你掌厨,给大家做顿丰盛的晚餐,也许你的厨艺并不怎么样,那也没关系,关键是心意。一天辛苦的工作下来,大家都比较辛苦,今天多让其他人休息一下。如果你实在担心自己的厨艺,让平时做饭的人先教你几招,或在旁边指点一二,不过千万不可代劳,你要自己动手。

晚饭后,亲切地询问一下亲人今天有什么见闻,有什么生活感受,工作是不是很累。如果父母在身边,为他们捶捶背揉揉肩,当然,这样的服务,爱人也是可以享受的。

如果你有心,也可以送束鲜花给亲人,父母也好,爱人也好。不同的花代表不同的心意,但都是一份浓浓的关爱和体贴,都是一份亲情的感动。

7月　懂得付出，珍惜拥有

给最近帮助过自己的人送去感谢的问候

> "爱出者爱返，福往者福来"，人生需要有一颗感恩的心。感恩是春天里的和风细雨，催开了希望的蓓蕾；是夏日里的惊雷，撕开了遮蔽你心田的阴霾；是秋日里结出的丰硕果实，映照着你丰收的笑脸；是冬日里烘焙大地的暖阳，化解着人生的严寒。拥有一颗感恩的心，烦恼去了，快乐就来了。送出的是诚挚的感激，得到的是满怀的温情。

你必须承认，从小到大，我们一直接受着身边人对我们无微不至的关怀和无私的帮助。从小时的牙牙学语，到上学后的刻苦攻读、知识水平提高，再到工作后业务能力的加强、思想境界的提高，我们都在默默地被帮助着。我们要感谢父母把我们带到了这个美好的世界并抚养成人；感谢老师对我们无私的教诲；感谢领导对我们的信任和栽培；感谢同学间的友谊和同事的帮助，感谢，应该成为我们生命中的一部分。

今天，也许你不能一一去感谢，那么就想想，最近你都接受过哪些人的帮助，给他们送去感谢的问候吧。不要说你最近好像没有接受过谁的帮助，这不可能，我们生活在这个世界，每天都在接受别人的帮助，每天你身边的亲人都在给你关爱，难道你不应该感谢他们吗？每天的工作，你的同事是不是都在给你指点和协助，难道你不应该对他们说一句谢谢吗？还有你的朋友，在你烦恼的时候，是谁在你的身边陪你度过？是谁鼓励你要开心地过好每一天？难道你不应该回报一个感谢的问候吗？

很简单，现在就给他们每一个人打一个电话，倒不用刻意去道一声谢谢，简单地问候一下对方的生活、身体状况，寒暄几句，表示你正想着他，这样也许就够了。当然，如果有人真的给了你特别大的帮助，那就应该郑重地表示感谢，甚至应该亲自登门去拜访，送一件小礼物，或者请对方吃一顿饭。这些都是待人的基本礼貌。也许在别人对你的帮助只是举手之劳，但那也要别人愿意为了你而举手才行，所以，感谢别人吧，用你最诚挚的方式。

8月

脚踏实地，激情创意

　　人生的奋斗中，如果脚踏实地地去注意眼前的每一个小目标，便不会觉得累，不会觉得迷惘。享受人生，不是整天浸泡在大目标的激情里，而是享受每一个小目标的成功所带来的喜悦。

　　脚踏实地并不是要反对创意。反而，选择创意人生，选择别样人生，你的人生会更精彩！鲜花为你鼓掌，小鸟为你歌唱，蓝天白云都在为你翩翩起舞。

8月　脚踏实地，激情创意

让孩子自己动手做一件力所能及的事

> 有一种能力叫作独立自主，有些人仿佛一开始就已经具备这种能力，有些人却要用一辈子去学习。这就在于小时候的教育，是否做了正确引导。

儿童本能上具有主动独立和自主的愿望，这也是孩子的大脑和心智在不断发育成熟的一个表现。如果孩子能经常主动和独立地做一些力所能及的事，对孩子从小养成责任感和关心他人的习惯是十分有利的。尤其是当孩子有这方面的要求时，家长不要剥夺他们的这份"快乐"。

但目前，很多孩子面对需要自己处理的事情时，即使力所能及，也不愿自己动手，而一味推给父母。这反映了现在的孩子，尤其是独生子女依赖性很强的弱点，原因就是家长、教师对孩子们力所能及的事包办得太多。所以，家长们更应该有意识地让孩子独立成长，鼓励他们自己的事情自己动手，自己想办法解决困难。作为家长，有时候还真得善于"小题大做"，注意日常生活中每一件不起眼的小事，给孩子以积极、深远的影响。

让孩子自己动手做一件力所能及的事，比如拖拖地、洗洗碗、擦擦桌椅等家务，培养孩子自己的事情自己做的习惯，使孩子们能做到自己的衣服自己洗，自己的房间自己收拾，自己的被子自己叠等。

放手让孩子去做以往不放心让他们做的事，比如独自去邮局寄信、独自去买自己的学习用品等，这些具体的事情完全视你孩子的年龄和能力而定。

遵守交通规则，规规矩矩过马路

> 遵守交通规则，是人类文明进步的一种表现，也是一种善待生命的体现，这样做不仅保障了自己的出行安全，也是对他人生命的一种尊重。

当你因为路口没有车辆而在红灯下穿越马路时，你是否想过你已经走到了危险的边缘？当你驾车在路上抱怨行驶太慢，想超过前面的车辆时，你是否想起每年有多少司机因为违章超车而命丧黄泉？当你抱怨规定太多，交警太严时，你又是否想过，如果不是这样，这份车轮底下的死亡报告还将带给人们多少的震惊和血腥？

遵守交通规则，按照规定的路线方向行驶，不闯红灯，不超速，不酒后驾车，不横穿马路，等等这些其实都是非常简单的事情，只要始终牢记文明公约，始终告诫自己不急不躁，轻轻松松就能做到了。

看一本伟人传记的书

伟人之所以成其为伟人，必然有其不同于常人的地方，必有常人难以达到的高度。然而，任何人的成长，都是从普通人开始的，学习伟人，就要学习他如何从普通人开始迈步。

面对巍巍的高山，有人拜倒在它的脚下；面对坎坷的道路，有人徘徊不前；面对无数次的失败，有人一蹶不振。这完全是因为他们缺乏自信的缘故。而伟人与常人的区别就在于，在面对这些磨难和挫折时，他们选择了勇敢面对，积极寻找前进的道路。看一本伟人传记的书，学习伟人从困境中一步一步走出来的坚韧和毅力。

每个人也许都有自己最钦佩和最欣赏的伟人，无论是哪位伟人，都有值得我们学习的地方。所以，选择哪位伟人的故事，完全取决于你自己。美国的海伦·凯勒小时候生了一场大病，从此又聋、又哑、又盲，但她并没有丧失信心。她克服了常人难以想象的困难，学会了说话，学完了大学的课程，并掌握了5国文字，成了著名的作家。爱因斯坦小时候做手工时，别人挖苦他所做的小板凳是世界上最丑陋的。但他并未灰心，反而又拿出两件更丑陋的作品对老师说："这是我前两次做的，虽然第三只仍不能令人满意，但总比前两次好。"爱因斯坦自信任何事情他都能做得更好，所以，他一生坚持不懈，终于成为举世瞩目的大科学家。

人生不可能是一帆风顺的，谁一生下来就会说话、会走路？每个人都

8 月　　脚踏实地，激情创意

要从积累与磨炼中逐渐成长，所以请相信，路是人走出来的，这可能是所有伟人故事告诉你的一个共同的道理。认真看看你手中的书吧，你还会学到更多。

看一本励志类的书

> 成功人士都有一个最重要的素质，就是乐观向上。他们比常人更乐观，对自己和他人都持有一种积极的态度。励志类的书籍会告诉我们如何保持乐观，走好自己的人生路。

成功人士往往会被问到这样一个问题："你们大部分时候脑子里都在想些什么？"无论来自天南还是地北，这些人的答案似乎都是一样的。大部分时候，成功人士都在想着他们要什么，以及如何去得到它们。由于思维高度集中，即便大家起点相同，他们也会比常人取得更多的成就。

励志类的书就是要告诉常人如何更集中地思考我们的人生，而把更多的思绪和精力从一些琐碎杂乱的事情收回来。因为，无所成就的人大部分时候总记挂着他们不要什么。他们想着或者说着对谁很恼火，谁把事情搞砸了，等等。他们想不明白，即便工作时间和别人的一样长，为什么自己的生活仍然没有什么改善呢？

人生处处都会遇到逆境，励志书籍会告诉你如何面对逆境，显示出强者的态度。每个人都有权选择自己的生活态度，而态度则影响我们待人处事的方法。选择积极进取、力求突破，还是消极退让、虎头蛇尾，直接决定着你能否战胜逆境，取得最后的成功。

假如你的青春曾有一段虚度的时光，请不要以空洞的叹息作为补偿。面对人生痛苦的回忆，重要的品质是意志坚强。明天的时光长于逝去的时光，行动的动力是我们不死的愿望。不管何处是生命的尽头，活一天就要有一天的希望。只要胸中有不灭的理想，生活每天都会充满新鲜的血浆。只要每天都为理想做点什么，再苦的生活也甜如蜜糖。成功者要不断在追求中奔忙。胜利者也要不断把新的目标酝酿。

一年应该用心去做的事

看一本励志类的书，你会明白如此多的人生哲理，会让你的人生充满奋斗的激情和力量。

找一个儿童玩具拆了重新装上

> 让问号变成句号，这是一个思考的过程。多问几个为什么，常会有意想不到的发现。

调皮的小孩最喜欢做的一件事大概就是，把爸爸妈妈刚买的玩具三下两下拆了，然后又试着重装恢复原样。这个时候的爸爸妈妈会是什么态度呢？我想大部分都是很气恼，认为自家的孩子是败家子。其实不然，这样的小孩脑子里装满了为什么，总想把自己不明白的事一探究竟。如果你从小就是一个听话的孩子，从来不敢去想为什么，那么，现在，不管你有多大，学学那些顽皮的小孩，找一个儿童玩具拆了重新装上，你会发现那其实是一个非常有趣的事情。

玩具尽量复杂一些，太简单就没有什么挑战性了，如果是那种不用拆你一看就明白怎么回事的，就没有什么意义了。在家里找一块空地，保证此处没人打扰，找一个大盒子，把拆下来的零件都放进盒子，仔细检查每一个零件，不要随手一放。拆的过程中认真记忆每一个零部件安装的位置和方法，并试着想想它工作的原理。

重装的过程可能没有拆的过程那么轻松简单，很可能因为某一个地方没安装正确，影响进程。此时千万不要气馁，也不要急躁，冷静下来仔细回忆一下当时拆的过程，这个地方是怎么拆的。实在回忆不起来也不要放弃，通过不断尝试错的方式，找到正确的方法。这个时候，你大概明白了为什么小孩子总是拆了就扔在一边不管，小孩子总是耐心比较差，试了几次没成功，自然想放弃。如果你已为人父母，从这个角度出发，对小孩的半途而废应该循循善诱，帮他一起想办法，鼓励他坚持下去。

安装成功后，从头到尾再回忆一下刚才的过程，从拆下第一个零件的步骤开始。试着想想你是否能想清楚它的工作原理？如果你有同样的零部件，是否可以自己制作一个玩具了呢？

8月　脚踏实地，激情创意

自己修理家具

> 有些事情不是你不会，而是你认为你不会，而不敢自己动手。依赖外人的能力，而看轻自己，只会让自己永远体会不到超越自我的快乐和创造的魅力。

家具用久了，难免会出现破损、脏污的现象，而此时往往已过了保修期，厂家是不会免费维修的，只能自己想办法了。实际上家具如果出现轻微损坏，只需使用合适的材料处理，并且留意一些细节，自己就能进行修理。

当然，修理家具还得需要一定的维修知识，根据不同的损坏状况，采取不同的措施。

如果是刮痕和裂缝，应该采用如下一些急救措施：修补细小的裂缝和刮痕时，宜在家具不显眼的地方先试一下所用的混合剂是否会损坏抛光面，然后再继续涂用。

家具种类繁多，修理的方法众多，看起来复杂，实际上动起来手来并不麻烦，同时你还可以体验到修理工甚至是装潢艺术的快乐，自己动手吧！

登一次山，坚持爬到山顶

> "世上无难事，只怕有心人。"不论做什么事，如不坚持到底，半途而废，那么再简单的事也无法完成；相反，只要抱着锲而不舍、持之以恒的精神，再难办的事情也会有被解决的时候。凡事只要我们脚踏实地，一步一个脚印，坚持到底，就一定能够到达成功的顶点。

当别人问及著名登山家乔治·马洛里为什么想攀登世界最高峰时，马洛里答道："因为山在那里。"是的，对于许许多多热爱登山的人来说，只是因为山在那里，所以攀登。他们不断地挑战人类的生理和心理极限，寻求与大自然最直接的对话方式。

如今，越来越多的人爱好登山，把登山当作一种锻炼自己的意志的活动，既锻炼了身体素质，又磨炼了心理素质。那么选择一座你觉得你能征服的山吧！做好一切准备，坚持爬到山顶。

攀登的过程中，肯定会累得想要放弃，记住一定要给自己鼓劲，坚持就是胜利，千万不可半途而废，累了可以稍作休息，休息一下继续攀登。

登山还要注意身体安全，要讲科学，要量力而行，快慢有度，循序渐进。不要一味求快，为了早点达到目的，早点实现梦想，就不顾身体劳累，强力行进，这样可能会使身体吃不消，甚至虚脱。所以只要做到持之以恒，最后能坚持到底就行了。

给某样东西或衣服改改装

所谓创意不仅仅是创造出某种新东西或者新的思想和理念，还包括对已有的东西或思想理念作出某种新的改变，使之旧貌换新颜。

改装某样旧物或旧衣服是件很好玩的事情。你可以充分发挥你的创意和灵感，按照你喜欢的样子或颜色尽情发挥你的聪明才智。还有，你根本不必担心会不被别人看好，因为这是你自己的东西，而且是用了很久的旧物或穿了很久的旧衣服，也许它们就像老朋友一样，陪你度过了无数的岁月，很可惜现在已经过时了，但是你仍然很喜欢，因为已经有感情了，舍不得丢弃。所以，此时你完全有理由为它改头换面，换成现在流行的样子，继续陪伴你走过你的人生路。

改装包括样式和颜色，样式你可以参照现在流行的款式，比如，你在商场看中了某件衣服，觉得它的款式很好看，你完全可以仿照它的样式来做，只要你能做到。如果你没有把握，也可以请教以前做过裁缝的朋友，让他指点一二。

至于颜色，很好解决，你只要帮它重新染色就行。选择你喜欢的颜色的染料，将旧衣服直接浸泡在里面即可。

8月　脚踏实地，激情创意

在这项尝试里，你会感受到冒险的快乐，因为你不知道最后会出现什么样的结果，经你改装后的旧物或旧衣服是否真的变得时尚漂亮了？你的聪明才智是否真的得到了验证？这一切在结果出来之前都是未知数。你仿佛回到了儿时，和一群伙伴在玩过家家的游戏，把自己当作家庭主妇，做一些大人想做的事，而不知道自己做出来的结果怎样，心中充满了一种新奇的感觉。

把陷入"死胡同"的问题反过来想一下

> 当你按着正常的逻辑苦苦思索没有结果时，当你用尽全部办法终于"山穷水尽"时，有没有试过，反过来想一下会是怎样？说不定会"柳暗花明又一村"呢！

世上有些事乍看起来有些违反常规，但实际上却合情合理。因为事物本来就是复杂的，是由多种因素促成的。

要想对付复杂的事物，自己的头脑就要变得聪明些，把思维方法来个180°的大转变，有时便会取得意想不到的效果。历史上有许多科学家就是采用逆向思维法而取得重大发现和发明的。

这个问题也许你已经思考了很久，各种方法都已试遍，似乎陷入了思维的"死胡同"。一筹莫展的你，千万别垂头丧气，有些问题是可以反过来想一下的。运用一种叫作"逆向思维"的方法，也许会帮你找到开启疑难之门的钥匙。

逆向思维并不是什么玄妙的东西，它只是一种思维方式，我们身处的就是由相互对立的事物组成的和谐的世界，而每一事物又有相互对立的两个方面。

很多过程都是可逆的，而两种截然相反的方法有时可以解决同样的问题。遗憾的是，由于我们受过太多的是非观念的教育，因此往往喜欢判断对错，以致采取一种方法后就轻易排斥与之相反的方法。

去理发店整一个新发型

> 生活中有多少事是我们没有想到的,或者是想到了却熟视无睹的,有没有觉得每天做着平淡无奇没有挑战性的事情是那么的乏味?是因为害怕风险害怕挑战让我们望而却步吗?而人生正是因为不断尝试新事物而充满了趣味和色彩,人类也因此在不断进步着。

我们处在一个张扬个性的时代,看看大街小巷的人们,穿着打扮都没了从前的统一化标准,尤其是年轻人,甚至是各种奇装异服。不知从何时开始,人们又开始在头发上做文章,垂直飘逸的、卷曲妩媚的、凌乱张狂的……当满眼的时尚络绎不绝,你不得不承认它是迷人的,有魅力的。

也许你习惯了一种发型,或者你也换过不少发型,但,总有一种新发型是你没有尝试过的。整理一下心情,用审视的眼光看看镜子里的自己,这个发型是不是该换了?

到了理发店,一定会有一群发廊小弟或小妹朝你涌过来,给你介绍这个,推荐那个。这个时候你一定要沉住气,认真挑选自己喜欢的发型模式,或者找个负责任的专业理发师,请他帮忙建议一下,当然,此时你也要有自己的主见,耐心听理发师的建议,自己分析是否合理,如果你真的认同,就欣然接受,如果你有不同的看法,可以继续和理发师探讨,直到双方达成一致。

新发型修剪成功后,可能一时间你会有些接受不了,因为可能你的形象改变比较大,但是要用新的眼光去看待新事物,换一个发型可以换一种心情。如果你最近心情郁闷,尤其适合去理发。不信,去试试,一定会给你一个满意的答案。

8月　脚踏实地，激情创意

打扮成不同以往的样子参加一个聚会

> 在平常的日子里，你是否早已习惯了自己的装束风格，每天都是一成不变的形象。也许你会说，这是工作的需要，但何不偶尔打破一下惯例，以一个全新的形象出现在你熟悉的人面前。试试看，你将收获意想不到的效果。

你今天的目标就是给大家呈现一个全新面貌的你，所以，一定要有一个大的改变。如果你一时间想不出要变成什么样子，可以请教一下对化妆比较有心得的朋友。有一点一定要记住，改变是要朝漂亮的目标去改变，不能为了改变，为了大动作，就牺牲形象。

改变，其实是一种风格的改变，如果你平时一向以清纯素面示人，那今天可以打扮得妩媚一些，化一点淡妆，如果你没有这样的衣服，可以向好朋友借，如果你有这样的朋友的话；如果你平时一向就是时尚的代言人，那么今天可以找回菁菁校园的感觉，把以前的衣服找出来，拾起从前的打扮。

改变，不仅要在服装上下功夫，也要在行动语言上配套。当你以你全新的形象出现在大家面前后，不管会引起什么样的轰动效应，你都要沉得住气，不要自己先笑场，接下来你的工作就是，配合你这身服装，表现出你想表现出的仪态，让大家瞠目结舌。

这样做的目的当然不是为了敲击大家的心灵，而是为了尝试一种变化，尝试一种新的东西。形象的改变，有时候甚至会引起生活方式的改变，你体会到了吗？

找一个问题多问几个为什么

> 有创意的人必定是个爱思考的人，爱思考的人必定不会放过任何一个疑问，多问几个为什么，直到问题最后解决，这就是创新人士的创造性思维。

想做一个有创意的人,首先就要学会勤思考,善钻研,有解决问题的强烈意识,有"追根问底"的精神。这样才能使问题得到根本的解决,尽可能消除可能的隐患。

孩子为什么总问为什么?因为他不知道,他没有经历。成年人有了些经历,却渐渐地淡忘了去问问别人,深入探究一些东西。今天让我们像孩子一样多问问为什么,找一个具体的问题,探究一下它深层次的内容。

"为什么"不一定要问出口,但要在心里掂量过,思考过。比如,有人让你做某事,他为什么叫你做呢?为什么他不叫别人做呢?是他没时间处理?是他信任你?是他在考验你?这是你分内之事吗……想明白了再做,工作会做得更出色!又如,有人突然问你某个问题,这时,千万不要急着回答,或随便敷衍,可能他的问题包含深意,也可能你一个唐突的回答就会让你所有的努力前功尽弃。有时,赢得别人一句赞美的话千辛万苦,别人一句诋毁的话却可以使人功败垂成!

什么是常人?什么是先知?常人就是大多数没有什么突破的人。先知就是比常人多走一步的人。世上无难事,只怕有心人。刨根问底,拿出一种打破砂锅问到底的精神,遇事多问几个为什么,拿出做学问的态度,会比常人有更多机会获得成功。

想一个常人都认为不可能的事

> 人的创造范围完全是由人对自己的想象和认识所决定的,创造力是让人去"胡思乱想",想那些常人不敢想的,做常人认为怪异而不敢做的事。

有一个很经典的销售故事:把木梳卖给和尚,想必很多人都听说过。把木梳卖给和尚,听起来荒诞不经。但梳子除了梳头的实用功能之外,还有无其他的附加功能呢?在别人认为不可能的地方开发出新的园地来,这就是创意人生的卓越之处。

想常人不敢想的,开始时也许是空想,但如果你能全力以赴、持之以恒地挖掘新的源泉,理想也许就会变成现实。即使最后证明事实上真的行

8月　脚踏实地，激情创意

不通，但只要你想过了，你的思维已经得到开发了，这对个人的发展、事业的进取将产生很大的影响。

试着推翻一个约定俗成的事物

> 任何的事物都不会只有一个视角，别永远只从习惯出发，停留在同一个角度，换一个角度思考一下，也许事情就会有新的突破。

人世间好像总有一些约定俗成的东西在固化人的头脑和思维，思想的线路永远无法改变，直至陷入一种僵局，无法前进。

所谓创造，就是能够从不同于以往的角度去看问题，思考问题，见人之所不见，想人之所不想，打破常规的套路。

试着让自己推翻一个约定俗成的东西，并不是说这个观点或者事实就是错误的，而是要让自己用一种怀疑的眼光去检验一下的它的真伪。实际上，这也是一种科学的严谨的态度。如果你开始怀疑它是否成立，可能会有很多人笑话你，认为你不可理喻，神经过敏之类的，不要理会别人的眼光和言论，坚持自己的想法，如果有志同道合者，你还可以和他一起讨论。

检验的过程不能仅仅停留在空想的阶段，如果有可能，用各种现实的办法去考察。考察它的由来，当时的历史条件，在现在的社会环境下是否还能成立。试着找找与它相反的现实例子，这些事例是真的能反驳它，还是恰恰相反，刚好是它的反证？

如果你从这个角度思考，无法得到结果，请试着从另一个角度想想，很简单，只要还记得事情还有它的另一方面。

多个角度思考之后，你一定会有新的想法，即使无法推翻旧的，你也会有全新的认识和更深刻的理解。

一年应该用心去做的事

改变某种习惯做一件事

> 生命的每一天都是新鲜的,也都是最特别的,其中都有着奇妙的故事。只要用心留意每一天,你将会发现到处都有奇迹。否则,每天活在习惯里,就会在不知不觉中,失去了生命中的宝贵和甘甜。

正如鲁迅先生所说:"世上本没有路,走的人多了也便成了路。"好习惯和坏习惯都是因为行为的多次出现而形成的。然而,起初是我们造成习惯,之后是习惯造成我们,所以一开始我们就是习惯的主人,在长长的人生旅途中,我们都要拿出意志、魄力和自信,始终做自己习惯的主人,而不要成为习惯的奴隶和仆人。

做一件具体的事,改变平时习惯的方式方法。首先用全新的眼光地看待这件事,同样的事在不同的时间,可能会出现不同的状况。比如,每天的晚饭,你能忍受每天都是一样的饭菜吗?每月一次的员工大会,你能理解主持的领导每次都是一样的说辞吗?所以,请用适合于今天的心情、适合于今天的态度、适合于今天的方法,来做今天的这件事。

我们只要相信生活每天都是新鲜的,用心去观察,去思考,每天都会有不同的发现和感受,生命的奇迹就在未来某一天某一时刻静静等待着我们的眼睛和心灵。

试着和大多数人唱一唱反调

> 学习他人是我们该有的谦卑态度,但是小心画虎不成反类犬,有创意的人,必须是一个思想独立的人。人云亦云是创意和灵感的绊脚石。

每一个成大事者,每一个凡事走在别人前面的人,必定首先是个有主见的人。哥白尼之所以能发现新大陆,就是因为他始终相信自己的眼睛,用与众不同的第三只眼看世界,不为别人的三言两语所动摇。

8月　脚踏实地，激情创意

每一个想创新，想成就一番事业的人，都应该有主见，有思想，而不能人与亦云，随波逐流。用自己的眼睛看世界，用自己的语言表达内心感受，用自己的价值观判断是非，从而决定自己该怎样生活，怎样做人。只有凡事自己去想，自己去设计，思想富有创造性，敢于尝试，才能走出一条具有自己风格的个性化道路，使自己具有与众不同的价值，这就是对创新的成功诠释。

试想想，你是不是经常不由自主地随大流，大多数人怎么说，即使你心里有其他的想法，也随大伙的意见了？不管你从前是怎样表现的，今天试一试和大多数唱反调的感觉。当然这不是挑衅，而是冲破阻力，发表并坚持自己的看法。所以，和大伙唱反调的前提是，你必须有不同于众人的新观点，并且你有充分的理由来证明你的观点的可行性。

当你勇敢地站起来，就要理清自己的思路，保证自己吐字清晰，否则，心里想得再好，却无法通过口头表达出来，也是枉然，很快会被别人反驳掉。

既然勇敢地站出来了，就要把勇气坚持到底，千万不要被众人的气势吓倒，要相信，真理往往就是掌握在少数人手里。所以，要有自己就属于那"少数人"的自信。

当然，唱反调不等于强词夺理，真理往往是越辩越明的，在和大多数人辩论的过程中，也许你也会发现自己的论点有点站不住脚了，这个时候就要谦虚地表示服输。因为，始终要把握一点的就是，有主见不等于顽固执拗，唱反调的过程就是一个培养自己独立思考能力的过程。

忘记经验，仔细完成已经很熟练的工作任务

就算是一流的专家，也会不知不觉地陷入一些误区。经验固然可贵，但也只能代表过去留给现在的一点积蓄，我们不能仅凭这点微薄的积蓄维持生计，生命在于继续创造。

牟塞说："人们将他们的愚行取了个名字叫经验。"可见，经验常常给我们带来错误与愚昧。

经验属于过去，只能作为现在的参考，而不能当作灵丹妙药，拿来解决一切新出现的问题。

每一天中的每一件事对我们而言，都应该有全新的体验和诠释，别让经验抹杀了我们的智慧和灵感，创意人生里，经验是垫脚石还是绊脚石，就看你如何把握。如果仅凭经验，就轻下定论，将注定你与创意无缘。

你今天接手的这项工作任务，对你来说，也许早已不陌生，因为你已经做过同样或者类似的任务很多次了。完成这项任务的每一个步骤，每一个步骤所用的方法，也许你都已经了然于心。

但是，千万不要因为这样就掉以轻心，让自己暂时忘记过去的经验，像第一次面对它时那样认真对待。

当然，忘记经验不是让你全盘否定过去，用一种全新的方法来重新操作，而是让你从态度上重视它，把它当作一次新的任务，结合过去的经验来把这件事做好。

同时也要认真研究当前的工作环境以及条件，也许环境与条件变了，方法也要相应地发生改变。也许通过观察和思考，你会发现一种更好更有效率的工作方法，这就是你忘记经验的收获。

自己动手制作一个简易玩具模型

> 创意来自生活中的灵机一动，哪怕是一件小事，或者只是一个小游戏，只要是有创意的地方，生活就会充满无限遐思和乐趣。

小时候上过劳技课的人应该都有过自己动手制作小手工艺品的体验。这是个很能锻炼和发挥人的创造才能的活动，关键在于你是否敢于想象，敢于动手。"三只小板凳"的故事想必大家都是很熟悉的，爱因斯坦的伟大和他小时候的敢于想象、敢于动手的精神是分不开的。

自己动手制作一个玩具模型，不必强求有多完美，重要的是这个动手的过程。如果你对自己没有信心，可以对照相关的玩具模型制作示意图，一个步骤一个步骤地学着做。但最好是自己设计一个模型，然后自己动

8月　脚踏实地，激情创意

手制作。

在头脑里勾勒出雏形之后，在画纸上画一个模型图。然后准备好材料和工具，一定要齐全，千万不要因为一时的疏漏，造成在制作过程中的困难。

这个模型可能不会一次就做成功，也许因为中间某个环节的纰漏而失败，仔细检查每一个步骤每一个环节，不要硬搬示意图的指示，也可能你的草图制作有误，毕竟那是凭你的想象制作出来的，想象和实际操作总会有一些差距，所以，要在实际制作过程中及时调整方向，重新寻找新的制作诀窍。

制作成功后，自己首先试验一遍，看看按照你事先设计的原理是否能够达到预设的效果。然后再给你的亲朋好友看一看，不是为了炫耀，而是让他们分享你成功的喜悦。

做一件你一直认为不可能成功的事

> 时势不断变化，当初做不到的事今天可能会轻而易举地做到，当初能办到的事今天可能就难以办到了。无论如何，关键是心中不要存下一个一成不变的概念。

无论在学习、工作、还是生活中，我们都会墨守成规地认为有些东西是牢不可破，无法越雷池一步的，即使它们已经妨碍到了我们更好地前进和发展。久而久之，这就成了我们心灵的束缚。

无论何时，都要试着去挣脱这些牢笼和束缚，也许它真的是坚不可破，也许它根本就是脆弱不堪，不试试怎会知道呢？即使失败了又怎样？一次失败不表示下次还失败，因为事物都不是一成不变的，现在不代表以后。

尝试做一件一直认为不可能成功的事。这件事必须是一件具体的事，比如，和外国人用英语交流、在集体场合大声发表演讲等，或者是工作上的一项具体的任务。

即使没有把握，也硬着头皮接下来，压力会激励你找到解决困难的办法，成功人士就是这样把不可能变成可能的。

即使最后你并没有成功，也不要在心里留有什么遗憾，因为你通过行动证明了你敢于尝试的勇气。

而且在尝试的过程中，如果你是用心去做的，努力去做的，你一定能发现自己的弱点，完成这件事你还没有达到的能力是什么，这是一个让你更清醒地认识自我的机会，只有认识自我，才能完善自我，才能走向成功。

想象见到外星人的情形

> 幻想能让人精神亢奋，幻想能让人变得聪明，幻想能让人感受超越现实的快乐，幻想能最大限度地发挥人的创造力。

很多电影都以外星人为题材，充分发挥人的想象力，去幻想另一个星球的人类。至于外星人是否存在，谁也无法下定论，正是因为这样，人们才可以去无限想象，来表达地球人对未知领域的好奇。

根据你对外星人的相关信息的了解，不妨也想象一下你见到外星人的情景。假如有一天，你正在吃早餐，忽然听到敲门声，开门一看……

你看到的就是你想象中的外星人，他长什么模样，打扮成什么样子，对你说的第一句话是什么，他说的是什么语言，你是否能听懂，他是否给你带来了什么礼物，所有这些都由你自己去想象。

你还可以幻想你们见面之后发生了怎样的故事，你肯定要问他有关他们那个星球的故事，他是怎样讲给你听的，他又问了你哪些有关地球的事，你又是怎样讲给他听的。

如果你觉得这样的故事有些平淡，那你完全可以发挥你奇异的想象力，让你和外星人的故事带点传奇色彩，譬如你们来个什么历险记之类的，那一定很有趣。

如果你有兴致，你还可以把你的想象诉诸文字，也许你的作品还会成为一部卖座的奇幻小说，关键在于你有没有这个信心和兴致。

8月　脚踏实地，激情创意

自己动手做一些特色点心

> 很多事情不是我们不能，而是我们以为自己不能。当我们踏出第一步，收获的不仅是一种自我能力的证明，更多的还是一种快乐，一种来自创造生活的快乐。

现在的食品种类越发繁多，花样层出不穷，尤其是一些有特色的小点心，吸引了很多人的目光，勾起了大家的食欲。不要惊叹它们的巧夺天工和美味，自己用用心，其实你自己也可以做出来的。这不是开玩笑，也不是白日做梦，准备相应的材料和工具，你真的可以的，其实这并不难。

现在市场上有很多教你制作各种小食品的手册，选一本你需要的，回家好好研究一番，自己掂量一下，你能做哪些点心。考虑好做什么之后，准备需要的原料和工具，比如，烤箱、烘盘等工具，面粉、糖、香精、鸡蛋等原料，这些全部按照说明书准备。

如果你有独特的创意，可以自己设计，为你的点心制作出不同的形状，烘烤出不同的口味，也可以尝试从未吃过的口味。

制作的过程可能会有点繁琐，耐心地一步一步来，烘烤的火候一定要把握好，这个非常关键，点心是否可口可能关键就看这一步了。

成功出炉之后，自己先尝一块，是不是感觉还不错，请你的亲人和朋友都来品尝，甚至还可以拿到办公室请同事和你一起分享。如果你自我感觉良好，甚至都可以包装好后当作礼物送人，如果对方知道这是你亲手制作的，相信会非常感动，所以享受到你如此的待遇的朋友，相信和你的关系也非同一般了。

9月

撒播快乐种子，收获快乐果实

如果人生是一首诗，那么拥有快乐人生便是诗中最珍贵的章节；如果人生是一条河，那么拥有快乐人生便是河中波光粼粼的水流；如果人生是一次特殊的旅行，那么拥有快乐人生便是途中最令人流连忘返的风景；如果……

快乐人生如诗，每一个动人的字眼都情深意长；快乐人生如画，每一抹绚丽的色彩都流光溢彩；快乐人生如歌，每一颗跳动的音符都插上了翅膀……

9月　　撒播快乐种子，收获快乐果实

看一场现场演唱会

> 快乐是一种情绪，是一种感觉，是人内心深处的感受，如果你的内心装满了快乐，外面的世界也就都是快乐的。

看一场现场演唱会，不一定是因为迷恋某个明星，也不是为了追赶潮流，只是为了去感受一种气氛，一种让人激情澎湃、热血沸腾的气氛。

最好去一个火爆的现场演唱会，轻装上阵，把自己完全融入那种气氛中，不过即使你不想融入都难，这种场合是没有给你的思想留下神游的空间的。把自己当作最痴迷最狂野的fans，跟着其他人一起大声唱，大声叫，大声笑，用力跳，舞着手中的荧光棒，你几乎都忘了自己身在何处，甚至忘了自我的存在。

也许你从来都没有感觉到如此的兴奋，如此的忘我，如此的亢奋。这不仅仅是台上的那位歌星所带给你的，而且还是你周围的每一个人带给你的，虽然你们彼此都不相识，但此时此刻却为同一种气氛所感染，谁还会说生活太麻木，太平淡，太无趣呢。

当演唱会结束，毫无疑问，你会觉得声嘶力竭，这时回家好好睡一个大觉，明早一定会神清气爽。

尽情K歌

> 幸福快乐与否不仅仅在于目标是否成功达到，更在于追求的本身及其过程。因为过程与结果相比，内容更为丰富，给人的感受更为深刻，酸甜苦辣，都是人生的快乐旅程。

想要尽情k歌，就要找2～4个人一起去KTV，人太多了就不能尽兴了，一人唱一首好半天才能轮到自己。

一年应该用心去做的事

　　找几个最要好最熟知的朋友，唱歌的时候放开了唱，不用去管自己的歌喉唱功，就把自己当作歌星好了。把整个过程当作一次演唱会，尽情歌唱，尽情 happy，当一个人唱完，其他人都要给他掌声以示鼓励。

　　除了独唱，还可以来一些大合唱，挑一些节奏特别欢快的歌，大家一起唱，唱出热烈的气氛，唱出激情澎湃的情绪。在这儿，所有的烦恼，所有的不痛快统统都被抛到了九霄云外，大家齐心协力演绎一个叫作快乐的故事。

　　情绪高涨的时候，大家可以一起碰碰杯，喝点啤酒、饮料，互相祝福未来的幸福，把心中的希望用歌声唱出来，把心中的梦想在杯酒交错中映照出来，相信明天会更好。

看一本笑话书

> 　　不要抱怨生活给你带来太多的烦恼，快乐或是不快乐，有时不过是一种习惯。当快乐成为你生活中的习惯时，你会发现在每一个生命的瞬间，都留下了欢歌笑语的足迹。

　　想要快乐，想让生活充满笑声，办法很简单，看看笑话书就是一个很好的选择。笑话就是让你笑，让你乐开怀，即使你心中有无限烦恼，无限忧愁，看看笑话书，所有的这些不痛快都会在笑声中消逝，最起码，在那一刻，心中是快乐的。

　　有时候把看过的笑话讲给别人听，比你当时看这个笑话的时候还要开心。这大概是因为把快乐与人分享，快乐就会增倍吧。那么，当你看完某个笑话，回味无穷的时候，立马讲给身边的某个亲人或者朋友听，听着他的笑声，你会觉得更开心。

　　看完整本书，回味一下，看看自己还能记住多少，回忆着讲给身边的人听，甚至都可以打电话讲给好朋友听，尤其是正处在烦恼中的朋友，让他也乐一下，虽然笑话的作用是有限的，但是快乐就是那么简单，用一些简单的东西，暂时冲淡一些烦恼与忧愁，快乐自然而然就产生了。

9月　　撒播快乐种子，收获快乐果实

找一部喜剧电影和朋友一起看

> 不管外面的世界如何变化，只要你的心里装满了快乐的因子，任何一个角落都能让你找到快乐的影子。

很多人评价喜剧电影和悲剧电影，都会认为，只有悲剧才会给人以震撼，给人以思考，让人有回味的余地，而喜剧，往往就是当时嘻嘻哈哈一笑，过后就留不下什么印象了。

其实，这种见解未免有失偏颇，很多喜剧电影，不但当时能给人带来快乐，过后也会让人回味无穷，尤其是一些经典的镜头和台词，还会让人终生难忘。比如，周星驰的电影《大话西游》里那段经典的爱情告白，不知道被多少人津津乐道。

看一部经典喜剧，比如，卓别林系列电影、金·凯瑞系列电影、《憨豆先生》、周星驰系列、冯小刚贺岁片系列，等等。你也可以找最近拍的新片，只要是你自己想看的。邀请一个或一群朋友和你一起看喜剧，人多比较有气氛。尤其当一个搞笑的镜头出现的时候，大家笑作一团，甚至有人会立马去模仿，那就更好笑了。

可以提前准备一些吃的喝的，比如一些零食、饮料，大伙一边看一边吃着零食，伴着阵阵笑声，是何等的惬意。看的过程中，大家也可以简单地彼此交流一下，评价一下某个片断，不过，小声一点，简单谈几句便可，因为很多人一起，有些人可能这会正专注地欣赏呢。

看完之后，大家可以尽情地开一个交流大会了，畅所欲言地说出自己的感想和体会，一起回味一下其中的经典场面，如果觉得还不过瘾，甚至可以再看一遍，回过头来再看看其中最经典、最搞笑的片段。

一年应该用心去做的事

去郊外野餐

> 对于生活，有些人找不到快乐的因素，认为生活就是一潭死水，其实，那是因为他没有看到生活丰富多彩的一面。给你的心灵洗个澡，你就会发现快乐就在我们周围。

把厨房搬到野外，这个想法不错吧，一定会有很多人觉得很新奇，其实这就是野餐。

野餐要有一个详细的活动计划，首先得叫上几个人同往，一个人野餐是没什么意思的。然后大家商量一下，今天野餐的主题是什么，也就是准备做点什么东西吃，是烧烤？还是炒菜？商量好了之后，就要分头准备餐具和食物，别忘了带上打火机等燃具。

到了目的地之后，布置现场，锅碗瓢盆等等都拿出来放好，然后分配一下任务，谁主厨，谁负责洗菜，谁负责生火，谁负责洗碗，等等都要分工明确。也许每个人都有自己的拿手好菜，那么每个人都要抓住机会亮出自己的绝活。

野餐享受的是过程的快乐，由于条件有限，做出来的食物可能没有家里做出来的好吃，但是那种快乐绝对是家中的餐桌上享受不到的。各种食物都准备好后，找一块平地，铺上塑料布，把食物都摆放上去，大家围坐一圈，开始享用吧。

别忘了用相机把这种快乐的场面照下来，留做永恒的记忆，大家热火朝天忙碌的场面，主厨挥舞着铲子炒菜的画面，大伙笑哈哈享用美食的情景……这所有的画面都装满了快乐，虽然只是一次简单的活动，但绝对是人生的一次永恒的美好。

9月　　撒播快乐种子，收获快乐果实

去公园划船

> 人人都在追求快乐，却不知道快乐原来就在我们自己的身边。其实，快乐不快乐，有时并不在于外部的条件，只在于你的心理感受而已，在于你是否有一颗清澈明亮的心，如果你的心灵布满了灰尘或是画满了阴影，快乐的阳光也就无法照进你的心房。

如果外面阳光明媚，微风习习，那就是个划船的好天气。邀上几个朋友，一起去公园划船吧！

一条小木船一般只能坐四五个人，一人掌舵，其他几个人分坐两边划桨。掌舵的人要协调好划桨人划桨的频率，指挥大家力往一块使，只有齐心协力才能乘风破浪。如果人多，还可以分成几组，进行划船比赛，看看谁能最先到达对岸。

如果是第一次划船，可能会掌握不好划桨的姿势和力度，尤其是众人没有协调好时，船就没法正常行进。不过很快你们就能学会，而且学习的过程很好玩，可能还会闹出许多笑料。第一次划船的经历总是充满了欢笑，让人回味无穷。尤其是大伙你一桨我一桨拼命往前划，而船又没有行进的时候，每个人都会为自己和同伴的笨笨的样子忍俊不禁。当你们终于学会了协调一致，掌握了划桨的要领，船儿随着桨的节拍快速行进的时候，内心的雀跃又是不可言喻的。

划船的时候，还可以欣赏湖面的碧波荡漾和湖面的其他风景，一只只小船在湖面上游走，时不时还会出现船与船相撞的情景，伴着玩耍的人们的笑声，让人觉得生活是如此的美妙。

欣赏风景的时候，别忘了拍几张照片，包括湖面的美景、大伙划桨的热火朝天，某个人划桨时滑稽的动作，等等。

如果遇有桥洞，大家的注意力一定要高度集中，把船头对准洞口，小心偏移，这是考验大家掌舵的方向感了。穿桥洞是非常有趣的，很多人都不能一次成功，一次次实验的过程会让大家笑声不断。当终于成功穿过，每个人都会忍不住为自己欢呼喝彩。湖面上到处充满了欢声笑语，渲染了整个公园的色彩，甚至都会引得湖岸上行走的人们也跃跃欲试，想加入到其中来。

和朋友一起去露营

当我们为生活而辛苦打拼时，猛然间惊觉，那些仰望夜空数星星的日子，在柔嫩的草间寻觅萤火虫的日子，举着烤红薯嬉戏追逐的日子，听着虫鸣而安然入睡的日子——这些快乐的时刻渐渐被都市的喧嚣与霓虹所掩盖。给自己一个机会，去寻找心中那个安宁的世界。

无论家里有多少面积的豪宅，时不时到外面住住小帐篷也是一件愉快的事情。随着工业社会的发达，人们的社会分工日趋细化，导致工作单调，而都市集中化又致使生活空间狭小又嘈杂。同时，个人收入增加了，汽车的普及使人很少步行，人们生活方式改变了。在各种条件都成熟的情况下，都市里的人们向着自然环境出发了，跑去野地，搭起帐篷——这就是露营。露营的乐趣来自逃离繁华，与自然接触，"在漆黑一片的野外，抬头看看星星，听着溪水声，点起篝火，唱首老歌，说些老话，真的能暂时忘了平时的烦恼"。

野外是一个自由的世界，可以尽情享受无拘无束的放松快感。但是，离开了都市，也意味着远离了人们为自己修筑的安全堡垒。大自然在富于情趣的同时也充满了危机，人稍不注意就会受到伤害。所以，寻找安全的营地是首要的任务。

露营场地的选择，最关键的三点是排水、风向和地势。如果在选择的地点发现有水流过的痕迹或是积水现象，就应该立即转移，因为这样的地方在下雨的时候会大量积水，甚至会受到大水的袭击。而树木的枝叶偏向一方或地形形成山脊状的地点也应该避免扎营，这些地方经常会被强风吹

9月　撒播快乐种子，收获快乐果实

袭，在此落脚说不定会出现满地追着帐篷跑的滑稽场面。一般来说，要找寻比较平坦，有美丽的阳光照射着，而且十分方便取水的地方安顿下来。欣赏美景，享受自由的露营生活就可以开始了。

在露营时，还是要时时刻刻提醒自己要注意安全，在玩乐的同时密切注意天气的变化。在山沼、山谷地带，要注意水流量和混浊情形，水流的声音也不可以忽视，如发觉异常，应该立刻离开。如果发生落石或土崩，最重要的是保持冷静，先确定落石的方向，再选定撤离的方向。打雷的时候绝对不能在草原中的大树下躲避，应该跑到距离树较远的地方蹲下。

在营地自己动手烹调美味食品，是多么的惬意快乐。食物当然是要选择既营养又好吃的，特别是那些碳水化合物含量丰富的，一定要优先考虑。煮食的方法以简为佳，利用简单的烹调器具就可以应付，否则的话就要花上几个小时才能吃上饭。而事先需要一一处理过的食物最好不要列入菜单。尽量节省用水，而且要考虑饭后收拾是否容易的问题。喜欢食用野菜、野蘑菇的朋友在摘取的时候一定要认真辨认，小心食物中毒。也许可以来一只"叫花鸡"，或是一筒竹筒饭，烤红薯其实也不错啊，大量美食任由君选。

露营一定要注意保暖，虽然是夏秋之交，天气还不算凉，但是毕竟是在野外，晚上还是会有些凉。最好能带上毛毯之类的御寒物品，还要注意在进食中搭配高热量的食物，比如说巧克力等糖类食物。有人误认为在野外可能会因为太兴奋而睡不着觉，其实当你玩了一天之后，疲乏的身体早就受不了了，美美地睡上一觉有助于恢复体力，在野外清新的空气里还会睡得格外香甜。

给自己的老师们寄一张贺卡

> 都说老师是园丁，浇灌满园的花朵，几十年如一日，付出辛勤的劳动，当满园花朵遍地开放，收获的是无尽的快乐和幸福。

千万别忘了，今天是教师节，给自己所有的老师送上祝福吧！虽然现在越来越少有人会寄贺卡，但是贺卡却是一种永恒的祝福，尤其是对自己的老师。也许你已经给很多老师打过问候的电话，甚至都已经登门拜访，但是寄一张贺卡绝对不会是多此一举，贺卡的祝福给恩师带来的感动，可以随着贺卡永远保留。

也许有些老师已经很久不联系了，比如时代太久远的小学、初中老师，千万不要因为时间久远而忘记那些老师。想办法弄到这些老师的邮寄地址，不用去顾虑他们是否还记得当年的你，把你的问候和祝福写在贺卡里。甚至还可以回忆一下当年老师对你的谆谆教诲，你的记忆会让老师感动万分。

想想求学生涯中遇到了多少位老师，肯定有些记忆犹新，有些记忆已经有些淡漠，把他们一一记起，为他们每人准备一张贺卡，精心为他们送上你的祝福。用点心，不要对每位老师的祝福都千篇一律，用一些模式化的祝福语，这样的祝福语会让人觉得没有多少新意，感动也会少却了许多。如果你还记得每位老师的音容笑貌，记得他们曾经的言行，那就写下他们曾经的教诲在你一路走过的人生路上撒下的点点滴滴，写下你内心的感激，写下你对他们生活的慰问和祝福。

以感恩的心对待一切

> 感恩不只是一种对生命馈赠的欣喜，也不只是对这一馈赠所给予的言辞的回馈；感恩是用一颗纯洁的心，去领受那付出背后的艰辛、希望、关爱和温情。

没有阳光就没有温暖的日子；没有雨露就不会有五谷丰登；没有水就不会有生命；没有父母就不会有我们自己；没有亲朋师长就感受不到人间的真情！这些浅显的道理我们都懂，但是缺乏的恰恰是对感恩的认识，常常忘却的是感恩的心理。

感恩，是人生的一堂必修课。心存感恩，知足惜福。人生路上永远需要一颗感恩的心。感恩是对生命恩赐的领略，感恩是对生存状态的释然；

感恩是对现在拥有的在意，感恩是对有限生命的珍惜；感恩是对赐予我们生命的人的牵挂，感恩是对关爱的震颤……

感恩需要学习，从小开始，不使幼小的心灵蒙上世俗的灰尘。学会感恩，就是要学会不忘恩负义；学会感恩，就是要学会谦虚本分；学会感恩，就是要学会多一份爱，少一份恨；学会感恩，就要怀抱敬畏之心；学会感恩，不再沉溺于财富和权力；学会感恩，永远也不忘了说一声"谢谢"……

感恩的心，永远年轻！感恩的人，永远快乐！

人的一生中总会遇到许许多多值得回忆和留恋的人，包括亲人、爱人、同学、朋友、老师，等等。这些人在每个人的生命旅程中，都曾给过我们关爱，给过我们帮助，他们是我们终身感恩至念的人。

懂得感恩的人，往往是有谦虚之德的人，是有敬畏之心的人。对待比自己弱小的人，知道要躬身弯腰，便是谦虚；感受上苍，懂得要抬头仰视，便是敬畏。因此，哪怕是比自己再弱小的人给予自己的哪怕是一点一滴的帮助，这样的人也是不容轻视、不能忘记的。跪拜在教堂里的那些人，仰望着从教堂彩色的玻璃窗中洒进的阳光，是怀着感恩之情的，即使是不信教的人也会被那种神情所感动。

感谢生活给予我们的一切，无论是欢笑还是泪水，都是多彩生活的一部分，都值得我们感恩。

和小孩子一起玩耍

儿时的快乐是无忧无虑的快乐，是天真无邪的快乐，为生活劳累的我们，常常怀念儿时的快乐，甚至想去寻找儿时成长的足迹。

和小孩子一起玩耍，会让你找到儿时的影子，仿佛自己也回到了童年，把自己当作孩子，和他们一起嬉戏打闹，放下你大人的面子和威严，完全融入他们的氛围。

如果你的家里有一个小孩子，可能你平时没有多少时间和精力陪他们嬉戏，小孩子的快乐很单纯，游戏也很简单，一个简单的游戏可以玩上好几遍，还乐此不疲。平时工作很累的你可能早就烦了，脾气好的话还能耐着性子陪他玩下去，脾气不好的话可能就会扔下他，忙自己的了。

今天给自己一个完全放松的空间，把自己也当作没有长大的孩子，当作孩子的玩伴，按照他们的游戏规则，尽情玩耍。如果有可能，你甚至可以和一群孩子玩，把自己当作孩子王，带领他们走进可爱的游戏王国。

如果外面阳光明媚，你可以带领他们到阳光下的草坪上，玩老鹰捉小鸡、玩过家家，和他们一起在草地上打滚，和他们一起大声笑，大声闹。如果小孩子让你扮可爱小动物，不要因为觉得不好意思而拒绝，放开自己，做个让小孩子满意的"小动物"。在小孩子笑颜展开的瞬间，阳光照耀的空气里，弥漫的都是天真烂漫的快乐与幸福。

参加一个派对

> 派对的历史可以追溯到远古时代，当时人们聚集在一起观看有表演性质的宗教仪式，或者在分食兽肉之前，围着篝火高高兴兴地唱歌、跳舞，这就是派对的前身。法国路易十四时期的宫廷舞会，以及从此开始风靡各地的聚会，使奢华派对达到了高峰。现在派对则走向了时尚大众。

参加一个由陌生人组成的派对，出门之前认真打扮一下，梳一个自己满意的发型，穿一身自己满意的衣服，以自己最满意的形象出现在派对会上。也许，你还在为穿什么衣服、化什么妆而苦恼，虽然中国人没有穿礼服出席派对的习惯，但在这样的场合注重衣着既是对他人，也是对自己的尊重。如果你对自己非常有自信，可穿金色系列服饰，与环境争夺光芒。如果不是，可另行其道，选择白色、黑色或红色系列可能会比较含蓄些。发型是改变一个人形象的最直接的因素，所以派对当晚的发型不必太刻意，但一定不能随意。千万不要在派对当天做出大的改变发型行动，比如烫发或是剪发。否则你很可能因为不习惯你的新发型而影响当晚的自信心。派对当晚可对发型做一些小改造，譬如洗干净吹整齐或者稍作修剪。男士无须当天去修剪头发，因为刚剪完的发型往往会因为太刻意而让人觉得好笑，只需洗净

9月　　撒播快乐种子，收获快乐果实

吹干用点定型水即可。

　　通常参加派对，出于礼貌，你可能要准备一些礼物，礼物送得好，可以讨得心仪对象的欢心，送得不好，碰一鼻子灰也说不定哦。所以呢，在采购礼物之前要想清楚，礼物不能太随意也不能太暧昧，价格不能太高也不能太低。亲手制作一些小饰品，既省钱又能体现你的心意。譬如制作一些个性贺卡、手机挂件等等。不管做什么，最能体现你特长和心思的就是最好的。男士可选用一些小饰物，譬如你喜欢长发的女孩，可挑选一只精美的发夹；天气很冷了，一双手套也是很好的选择；想拴住她，就试试精巧的手链；想不出来的时候，一瓶百合香水也很讨巧。凡此种种，不怕做不到，就怕想不到。女孩嘛，选礼物是要费一番心思的，因为送得不好就会让人觉得是主动献媚。选择礼物的时候最主要考虑你喜欢什么性格和爱好的男士。譬如你希望他是西装笔挺的，那一条领带或一个领带夹都是不错的选择；如果你希望他喜欢音乐，一盘CD也不错呀；希望和他一起去登山，一顶遮阳帽也很好。

　　派对会上，表现活跃一点，主动结识各位新朋友，大大方方地跟他们聊天，邀请别人跳舞或接受别人好意的跳舞邀请。就座时，男士最好先到场，挑一个面向门口的位置。请同桌的女孩坐在背向门口的位置，如此她的视线便会以你为中心，同时自己又可看到整个餐厅的情形。就餐时，不要只顾呆呆地坐在位子上，趁着去餐台拿吃的时机与心仪的对象搭讪。若是同桌的，则可以借此献献殷勤，问她喜欢吃什么，想要拿什么，一来一去之间，已经把陌生的隔阂消除。

　　派对过程中，争取各种机会表现你的才艺，如果你才艺不出色，那也没关系，可以在给别人加油的过程中表达你的大方、开朗和热情。总之，表现自如，大方大体就能为你赢得满分，相信自己，带着你自信的微笑派对吧。

介绍你的朋友们互相认识

　　朋友是人生的一笔财富，谁也不可缺少这笔财富；朋友也是一种幸福，友谊的财富积累得越多，幸福就会越多。

一年应该用心去做的事

　　每个人都会有好几个朋友圈，不同的人生阶段就会认识不同的朋友，正如不同的求学生涯中就会有不同的同学，而你的这些互不相干的生活圈中的朋友们，一般来说也是互相不认识的。有没有想过，把这些圈子合在一起，成为一个大大的圈子，那将是何等的热闹和快乐啊！

　　很简单，空出一天时间来，邀请你所有的朋友到你家来玩，不用担心他们相互之间的陌生会造成尴尬，有你这个牵线人，友谊的产生往往只是一瞬间的事情。

　　给你所有的朋友打电话，说明你的用意，并发出热情的邀请，事先跟他们每个人介绍一下其他人的基本情况，以便到时候见面了能一一对号入座。

　　他们可能不会都同时来到，每到一个人，就给他们互相简单地介绍一下，然后留出空间给他们彼此互相交流，你去准备一些吃的喝的。当人都到齐了之后，安排大家坐定，然后可以让他们一一自我介绍，你再作出一些补充说明。

　　彼此认识了，就算是朋友了，然后大家一起聊聊天，玩一些游戏，在游戏中增进相互的了解，消除陌生感，慢慢地大家就会熟悉了。

　　这个时候的你，勤快一点，做他们的后勤，为他们端茶送水。如果他们中间有人一见如故，情投意合，绝对要感谢你这个伟大的朋友。友谊因为广阔而深远。

拍一组风景照，整理好，作为自己的艺术珍藏

> 　　在任何时候，快乐都是给自己和他人的最好的礼物，当快乐成为一种习惯的时候，你甚至不需要给快乐找理由。因为快乐，所以快乐……慢慢地，快乐就成为我们生活的一个习惯。

　　首先要选一个风景优美的地方，有山有水，有树有花，即使路程远一点也没有关系，早点出门，当太阳升起的时候，刚好赶到那个地方。

　　要拍出好的照片，好的相机当然也是关键，所以，如果你自己没有好的相机，那么，想办法借一个，即使去照相馆租一个也是值得的。

9月　撒播快乐种子，收获快乐果实

如果你对自己的照相技术没有信心，那么事先找个摄影高手学习几招，当然，我们是为了寻找一种生活的气息，寻找人生的快乐，并不是要做得多么专业，所以，对于照相技术和照片的效果不必刻意追求，自己觉得满意就行了。

选取你自己认为最美的景色，多角度拍摄，别忘了调好亮度、色度、焦距之类的。照完之后，别忘了在相机里看一下效果，如果效果太差，最好删掉重新照，免得占据空间。虽说是风景照，但景中有人会更美，如果有同伴，互相给对方留影，人与大自然融合，是最美的艺术瞬间。

尽量多照些不同的景色，寻找有山有水的地方，可能要走很远的路，忍耐一下，就当作是锻炼身体好了。而且这的确是一次锻炼身体的好机会，还可以在大自然陶冶性情，在这里留下永恒的纪念，绝不枉此行。

照完照片，回家后把照片按类整理好，打印或者冲洗出来，用相册装好，每一张照片下面备注一下，备注的内容完全由你自己决定，可以写上此景的名称，也可以是你的感想和赞美。

整理完之后，把它当作艺术珍藏，和你其他的"宝贝收藏"放在一起吧。

在网上为自己订购一件礼物

> 我们每天都在忙忙碌碌中埋没了感受快乐的心灵，在物欲横流中遮盖了发现快乐的眼睛。其实，生活是五彩缤纷的，只要你愿意植下快乐的种子，它就会生根发芽并茁壮成长。

在如今这个信息社会，互联网已无处不在，网上购物已不是什么新鲜事了。但话说回来，在很多人的眼里，网上的交易似乎总是带着点不安全的色彩，心里难免产生怀疑。不过，不管你如何看待，这种购物的方式是越来越深入人心了。

一年应该用心去做的事

　　人总要去尝试新事物，今天不妨尝试一下网上购物吧，为自己订购一件小礼物，不用太破费，即使有什么差错，也不至太心疼，而且，礼物是送给自己的，不会影响别人，所以，完全可以放心大胆地尝试一番了。

　　首先，向朋友咨询一下什么网站的信誉度比较高，而且你要想好，给自己买什么礼物，很多网站都是行业性的，专门出售某一种或几个种类的商品。

　　选好网站后，登录他们的主页，查看他们的商品目录，每一种商品都会有或简单或详细的说明，包括性能、功效、价格等，一般还会有产品外观的图片。

　　选中一样东西后，打免费预订电话，他们可能会让你注册会员之类的，认真咨询有关情况，小心掉入陷阱，当然也不能怀疑一切，确保无误后，按照他们的要求付费。一般来说是免费送货上门，货到付款。

　　打完电话，约好时间，静静在家等待，即使期间有什么急事，也不要出门，因为不能自己首先没有信誉，把其他事另想办法安排好，或者你实在脱不了身，就请朋友或家人帮你留守家中代你静候。

　　货到之后，认真验货，没有问题就付款，交易就算完成了。一般来说，网上购物的价格要低于市场价格。怎么样？对自己送给自己的这份礼物还算满意吧。

寻找秋的气息

> 　　真正的快乐，不是依附外在的事物上的。池塘是由内向外满溢的，你的快乐也是由内在思想和情感中泉涌而出的。如果你希望获得永恒的快乐，那就必须培养你的思想，以有趣的思想和点子装满你的心。因为，用一个空虚的心灵寻找快乐，所找到的常常是失望。

　　入秋了，走出家门，去寻找秋的气息吧。

　　当第一片黄叶从树梢头轻盈飘落时，你是否已经察觉，秋终于如期而至了。

　　丝丝柔柔的秋的气息被南归的大雁在天高云淡里承载着，被一场秋雨一场寒的细雨笼罩着，被枝头耀眼的果实映照着，悄悄地荡漾开来。

9月　撒播快乐种子，收获快乐果实

　　太阳的光变得如情人对视的双眸一样暧昧起来，少照了一分，凉彻骨；多晒了一分啊，又炽热难耐！而枫树的叶子终于受不住那温情脉脉的长久注视，慢慢地羞红了脸。

　　如果你有幸能去农村，你会发现，不知何时，更不知是哪位丹青妙手，在人们尚未觉察的时候，偷偷地在田野里的稻子上涂上了金黄的一笔。于是，稻子黄了，引来秋风艳羡的目光，假装不经意地掠过又掠过，试图带走那醉人的叠翠流金！

　　城市里，宽阔的广场上，秀丽的公园里，三三两两的人们，不约而同地来了。那各式各样的风筝，在欢笑的鼓动下，在风儿的牵引下，扶摇而上，被蓝天幻化成不可企及的美丽。而秋的气息就在欢笑中，嬉闹中被扯上蓝天，翩翩舞蹈……

　　秋季是让人沉思的季节，仿佛有如水的音乐从人们心灵深处徐徐漫来，又像一只紫色的风铃，在秋色里发出细碎而生动无比的声音。

　　你闻到了秋的气息吧，柔美而湿润，绵长而忧郁，沉稳、安静、甘甜、清爽、沁人心脾。这种感觉很熟悉，很亲切，仿佛有一种淡淡的情思糅合在这种气息里，一团一团地朦胧着半醒半寐的梦。人有时候需要这种境界，完全彻底地醒着，你会丧失信心，糊里糊涂地寐着，你会没了勇气。

　　在这秋的气息里，你可以半寐着，让梦化做一缕缕青烟，与秋的气息融为一体，虚幻而神秘，深邃而美丽，温馨而宁静。

　　曾有人把秋比做一位成熟典雅、风姿绰约的美人，说那美人有着无限的清高，有着深邃的冷漠，有着诱人的神秘，但也有一份纯洁，一份明亮，一份宁静，具有一种超尘脱俗的灵气，渗透了深奥的自然美。哪儿去找这么完美的人？这只不过是喜欢秋的人的一份美好心境罢了。所以，珍惜这难得的美好心境吧，寻找秋的气息，在秋的气息里陶醉。

看夕阳西下

　　夕阳西下，它如同一个年迈的老人，缓缓下降。它伴着彩霞下降，彩霞淡去。它未曾带走什么，只带走了白天，只带走了一天的美丽和灿烂。而它带来的是漫长的黑夜，天终会黑。然而，白与黑交替的那一瞬间，却是一种永恒的美丽。

一年应该用心去做的事

正如白天与黑夜的交替，人之一生，也是由灿烂的白天走向落寞的黑夜，然而，这是人生必经之历程，没有人生只有白天，黑夜会在适当之时降临，你无法阻止。但是，人却不能为了自然的交替而哀伤。我们应该想到，天空之中的白云为我们做伴，小鸟为我们歌唱。一个成功的人不会在乎夕阳西下后的黑夜降临，却会欣赏夕阳西下刹那间的美丽。夕阳西下总会到来，只要你不要在这之前离去的话，那么这世上就会多出一份力，而这一份力有可能就会成为撑起整个世界的巨石。

傍晚的时候，坐在山上，或在楼顶，这个时候，太阳的光线已经不那么刺眼了。如果远处有河，看着夕阳淡淡的光洒在河面上。看着微风吹过，河面上泛起的层层细浪，河水浮光跃金，许许多多的光点似颗颗神奇的星星，在波光粼粼的河面上调皮地蹦跳着、玩耍着。看着夕阳柔和的光照在路边的树上，使它们的叶子显得更加翠绿，闪烁着迷人的光泽。

看着落日的余晖，犹如大海退潮一般，不经意间，肃然地慢慢地悄无声息地退去，烟色的黄，由亮变暗、由深变浅、由浅变淡。慢慢地，黑暗就会泛上来了，眼前的景色悄悄地藏在黑暗里了，一切都不见了，时间也好像停止不动了，好一个安静祥和的世界。

静静地坐在这片安静祥和里，你会感觉到一切烦恼都消失得无影无踪了，可能你会想起过去的那段岁月，有过坎坷、有过风雨、有过失去……也许你就会豁然开朗，这一切都不重要了。只有这恬淡中的安宁，这使人满足的无忧无虑的孩子气的笑。

去田园采摘

> 明月、青松、清泉、顽石，都是大自然的精灵，感受自然，感受美好的心灵之音，你会拥有大度的胸怀，坚强的意志，高洁的品质，不屈的精神，还会拥有一份最天然、最纯净的快乐。

这是一个收获的季节，天高云淡，瓜果飘香。让我们田园采摘，感受

9月　撒播快乐种子，收获快乐果实

天然氧吧的新鲜空气，感受淳朴亲切的农家风情吧。

去田园采摘，最好叫上一帮人，自己有车的话最好，如果没有车，也可以大家一起包租一辆车，这样方便运送采摘到的水果。

走进采摘大棚，呼吸新鲜而带有乡土气息的空气，只见满眼的水果都展示着迷人的身姿，眼睛在色彩的变幻中得到了放松。在这儿，可以让你随意地采摘，但是要注意脚下，别到处乱踩，毁坏了农家的果地，所以，采摘归采摘，一定要注意保护好果园。当然，到这儿来，首先要一饱口福，你可以尽情地吃，但是别光顾着吃得高兴，小心吃坏了肚子，那样可就得不偿失了。

人多的话，就来一场采摘大赛吧。当然，采摘之前得有计划，你们准备采摘多少带回家，都有什么样的用途，比如馈赠给亲戚朋友等，就是不错的主意。

最重要的，对于在喧嚣的城市里忙碌的人们，终于可以尽情沉浸在山山水水之中，自由畅快地呼吸了，这才是人生一大快事呢！所以，珍惜这次难得的与大自然亲密接触的机会，欢快地采摘吧！

放风筝

> 有人说孩子是风筝，母亲手里牵着那根线，无论孩子飞得多远；
> 有人说爱情是风筝，爱人的手里牵着那根线，无论爱情飞过多少坎坷；
> 有人说梦想是风筝，有梦的人手里牵着那根线，无论梦想飞了多少年。

放风筝是中国民间广为流行的一项传统体育运动。风筝起源于中国，至今已有2000余年的历史，被称为人类最早的飞行器。相传春秋时期，著名的建筑工匠鲁班曾制木鸢飞上天空。后来，以纸代木，称为"纸鸢"；汉代起，人们开始将其用于测量和传递消息；唐代时，风筝传入朝鲜、日本等周边国家；到五代时期，又在纸鸢上系以竹哨，风入竹哨，声如筝鸣，因此又称"风筝";至宋代,放风筝已逐渐成为一种民间娱乐游戏;元代时,风筝传入欧洲诸国。

其实,对于我们来说,放风筝,非常简单,就是和大自然的风握握手,让自己的心情与天地灵气连线,带回一身的轻松惬意。

邀上几个孩子气还未退去的朋友,或者干脆带着几个小孩子,一起去一个大草坪,自由地放飞手中的线。风筝的选择其实不用特别讲究,聪明的孩子们用细竹片草草扎成方形骨架,蒙上一层白纸再吊两条尾巴,棉线一穿就急匆匆迎风而去。如果你心灵手巧,费点苦心用小火烘烤竹片,弯成各式形状,然后在风筝上涂鸦一些自创的图画或祝福的语言。当然,现在市面上也有各式各样的风筝,如果你不想自己费神,可以直接去市场挑选一个自己满意的。

放风筝,是一种娱乐,是一种放松,是一种回归自然的良好运动,而且还可以强身健体,是老少皆宜的一项运动。那么,提上你的风筝,到广场去,到郊外去,到一切可以放飞风筝的场所去吧!

放飞风筝时,极目碧空,看风筝随风飘逸,在蓝天白云间摇曳翻腾,还可调节视力,消除眼部疲劳,预防近视。放风筝,还要处理好风筝和风向风速的关系,现代风筝比较复杂,比如放飞人物类风筝需要"摸爬滚打",才逼真有趣;放飞蜈蚣、巨龙风筝要蜿蜒变化,才趣味盎然;放飞蜻蜓、金鱼风筝,其眼珠要活灵活现,方显生动;"百鸟朝凤"能发出和谐悦耳的鸣叫,才动人心弦。

郊野放飞风筝,在运动中呼吸清新的空气,还会令人精神振奋、心旷神怡,什么烦闷,什么怅惘,都一股脑儿随着风筝带入云际,消散于万里晴空,会让你在心理上获得愉悦和调节。

9月　　撒播快乐种子，收获快乐果实

给小动物拍一张照

> 当快乐成为一种习惯，它会一直陪在你身边，还可以以永恒的姿态，以优雅的弧度，来见证你的人生。

如果你家养了一只小宠物，那好吧，就拿它当模特了。如果你没有养这样的小宠物，那就去动物园吧，那里的小动物应有尽有，你可以任意挑选你的模特。或者你的某位朋友有个可爱的"宠物宝宝"，邀请这个"小宝宝"当回临时模特吧，相信你的朋友会很乐意的。

给小动物拍照，一定要小动物配合才行，这个可就完全看你和小动物的默契了。培养和小动物的默契，要多花心思，逗小动物做出各种可爱的动作。最有效的办法莫过于拿点好东西去贿赂它，见到好吃的，小家伙一般就会乖乖地被你牵着鼻子走了。

你必须眼疾手快，善于捕捉，当小动物做出一个不经意的小动作，你必须赶快按键。记住一点，给小动物拍照，最好不要打闪光灯，否则会吓着它。

小动物们酣睡的样子也是非常可爱的，趁它睡着的时候，赶快去抢拍几张吧，从不同的角度为它拍几张"靓照"。

如果你和小家伙的感情很好，用心地去和它玩耍吧，拍下你和它逗乐的画面。你还可以给它穿上款式不同的漂亮衣服，小动物们也是很爱俏的。

如果小动物此时不配合，比如睡眠来了，只想睡觉，不理会你的殷勤，那就再改时间吧！不要强迫小家伙的意志，那样拍出来的照片效果恐怕也不怎么样了。

拍完照，别忘了给小家伙买点好吃的，就算是劳资奖励了。

一年应该用心去做的事

看一场烟火表演

人生有时如烟花，即便短暂，但有瞬间的美丽，足以照耀一生。

去看一场烟火表演，认真观看，仔细欣赏，甚至可以大声欢呼，仿佛今天是一个最特别的日子，让满天的烟火赋予你喜庆的气氛和雀跃的心情，给你单调平凡的生活点缀一点灵动的色彩，五彩斑斓的天空，如盛开的花朵，在你的心里绽放。

看那满天盛开的烟花，每一朵都有不同的图案，心中觉得惊讶吧，那就叫出来吧，"哇"的一声让夜色感受你对生活的惊叹。再看，夜空的烟火就像喷泉一样，有时是成束，有时成片，有时就像一大群彩色小精灵在空中飞舞。层层叠叠的各色球形组合，就像要散落在自己身边一样，是不是恨不得自己多长几双眼睛，把这所有的美丽都尽收眼底呢？

有时一次放好多烟花，待到它们一起喷发，金灿灿的光芒经久不散，照亮整片天空，光芒仿佛从天堂一直散落到人间一般。那些烟火，一根一根，一团一团，一朵一朵，哗啦哗啦，像调皮的小顽童任性泼洒的色彩，布满整个天空，映红了人们的脸庞，是那样的美丽动人。

如果你身边还有其他朋友，拉起他们的手，大家一起在烟火下跳舞吧。生活这么美好，还不值得我们用歌舞来庆祝吗？

第四卷

冬之恋

——奉献与安详的生命

日暮的钟声,
静谧安详;
天边的夕阳,
映照温馨的霞光;
耐寒的松柏,
挺拔粗壮;
傲洁的梅花,
吐露沁人的芬芳。
黄昏,
并非一日的终结,
她带着充实的微笑,
承载明天的梦想。
漫漫冬日,
默默地指引着春的方向。

10 月

张开怀抱，拥抱生活

　　花草，是自然界的一件饰品，是大地的慷慨赠予，是给人类的一个惊喜。而人类生活中最大的收获不是拥抱这自然的赏赐，而是有惊喜也有悲伤的如花草般迷乱人眼的生活。

　　生活充满了酸甜苦辣，而我们所遇之人也是形形色色，我们不能要求地球按着我们的心愿而转动，不能幻想世界按照我们的梦想而舞动，我们还要问问自己，我们又给予了这个世界什么，给予了其他人什么。

　　不必伤心，不必难过，不必气恼，不必失落，放开怀抱，你会发现这一切是多么的自然和平常，拥抱生活，你会发现你拥有了所有。

10 月　张开怀抱，拥抱生活

与人分享你的快乐

> 自私是一切生物的共性，然而，当一己的幸福变成了人生唯一的目标之后，人生就会变得堕落而失去意义。别忘了，还有一种幸福叫作分享。

伊索曾说，自己无法享受的事也无意让别人享受，这是一般人的通病。然而，人之为人，总是会积极寻找一种自我调节的方式方法。因为，自私并不能为我们带来纯净而持久的快乐和幸福。当自私让我们内心不安、困惑时，让我们把自己的拥有的分一部分出来与人共享，你就会发现你的幸福快乐不但没有减半，反而成倍增加了。因为，分享的确是自私无法比拟的幸福。

如果你有什么开心的事，讲出来同你身边的人分享，也许那是段充满了趣味的经历，用诙谐的语言描述出来，就像讲一个幽默的故事一样，听到了周围欢乐的笑声吗？这就是你带给别人的快乐。

如果你有什么好玩的、好吃的，拿出来与身边的朋友分享，听着他们的赞美，你心里也乐开了花吧，这就是分享的幸福和快乐。

不停地给自己积极的心理暗示

> 我们每个人都有一本生活词典，上面写满对自我的认识和评价。当我们翻看自己的词典时，自卑总会不失时机地映入眼帘，让我们忘了其他的词汇。

自卑的人常会因为痛苦而把自己看得太低，并在这种痛苦中无法自拔。我们每个人都需要每时每刻和自己的心理疾病进行斗争，这场斗争是持久的，是艰辛的。必要的时候，不如给自己一点积极的心理暗示，一切便会迎刃而解。

有这样一个故事，一天，有位客人到法国药剂师鲍德恩处买一种要医生处方才能出售的药物。客人没有处方，但他非要买到那药物。鲍德恩没有办法，但又不能违法卖药。他灵机一动，给了那客人数粒完全没有药性的糖衣片，并告诉他这是他要的药物，还将它的效力大大夸了一番。然后将客人打发走了。数天后，客人回到药房，大大地感谢了鲍德恩一番，说是鲍德恩的"药"治好了他的顽疾。

看到了吧，这就是心理暗示的伟大作用。给自己多一点积极的暗示，告诉自己生活是美好的，烦恼时暂时的，希望是永恒的，自己是最棒的。相信自我的鼓励会给你一股神奇的力量，让你可以赶跑一切烦恼忧愁，战胜一切艰难险阻，永远自信快乐地生活、成长。正如鲍德恩的"药"一样，"药"赋予了病人潜意识的心理力量，我们也可以在我们的潜意识这一座肥沃的田园上撒播美丽果实的种子，那么一切杂草就不会再在这儿蔓延生长了。

给自己泼一瓢冷水，浇灭自负的火花

> 越是没有本领的人就越是自命不凡，他们往往让自己掉入一个可怕的陷阱却不知深浅，而这个陷阱正是我们自己亲手挖掘的。

自负和自卑一样可怕，它会毁掉一个人正常的心智，常常做出愚蠢的举动。自负，它绝对是一个横在我们成就丰功伟绩之路上的障碍。

克雷洛夫说，踏实苦干的人往往不是高谈阔论的，他们惊天动地的事业显示出了他们的伟大，可是在筹划重大事业的时候，他们是默不作声的。"宽阔的河流平静，学识渊博的人谦虚。"

我们应该量量巨人的肩膀，无论在什么时候，永远都不要以为自己知道了一切，不管人们对你的评价有多高，永远都要有勇气对自己说：我是个普通的人。

当然，克制自负不等于妄自菲薄，把自己的位置放低不等于轻视自己，看不起自己。每个人都要给自己起码的自尊和自信，当困难出现的时候，当你想妥协的时候，当你灰心失望的时候，正是该鼓励自己相信自己的时候。这个时候，可不要说自己是个毫无所知、毫无作用的人。

浇灭自负的火花，是让你对自己有一个更清醒的认识。当你因为一点小成绩而骄傲自满，忘乎所以，以为天下你最强的时候，及时给自己泼一瓢冷水，能让你知道自己到底是谁。

自负的人往往躺在成绩簿上睡大觉，而忘了要奋起直追。要知道，天外有天，人外有人，浇灭自负的火花，是为了让你看到脚下要走的路，是为了让你看到你前方正在行进的人，是为了让你明白自己正在掉入一个可怕的陷阱——自负的泥潭。

给自己当头一瓢冷水，浇灭自负的火花，冷静地做人，踏实地行进。

放开自己对某事顽固的看法

> "一叶障目，不见泰山"是一种无知的悲哀，然而我们常常因为被蒙蔽了双眼，而执着地坚持自己的错误，让理智逃离我们的头脑。

一个人有主见，有头脑，不随人俯仰，不与世沉浮，这无疑是值得称道的好品质。但是，这还要以不固执己见，不偏激执拗为前提。为人处世，头脑里都应当多一点辩证观点。死守一隅，坐井观天，把自己的偏见当作真理至死不悟，这是做人与处世的大忌。

做人还是要放开怀抱，心胸开阔一些，以真诚的态度追求更为崇高美好的东西，而不是夸夸其谈，不懂装懂。养成善于接受新事物的习惯，告诉自己学会自我调控，心平气和地接受异己之见。

如果你对这件事的看法已经形成很久，想要改变的确很难，而且有句话还说过：走自己的路，让别人说去吧。想必这句话一直都是你坚持己见、排除异见的动力吧！没错，能够做到在重压之下坚持己见，不人云亦云，的确难能可贵，而且很让人钦佩，值得推崇。但是，任何事都不是绝对的，都要根据具体情况作出分析判断，任何事的成立都只是在一定的条件下，离开这个特定的条件，真理也许都会变成谬论。所以，冷静地想想，你的意见真的是经过深思熟虑之后形成的吗？回过头来重新思考一下这件事，再分析一下你的观点成立的所有条件,这些条件真的能站得住脚吗?它们真的能成为支撑你观点的论证吗?也许,时间变了,条件变了,观点也要随之发生改变了,你真的还能如此因循守旧吗?

改变平时充耳不闻的习惯,认真听听别人的意见,并和他们交流一下。把你的想法说出来,让他们来帮助你分析一下,评点一下。一己之力还是有限的,有时候凭一人的视角,难免有些偏颇。也许有些问题,由于你的疏漏,你一直没有发现,听听别人的意见和想法,他们会告诉你许多你没有看到、没有想到的事情。

放弃你的顽固,并不是让你完全接受别人的观点,放弃自己的意见,而是让你放开怀抱,敞开心扉,听一听异己的声音,对自己的观点重新思考一下。最后,也许你还是没有找到推翻你观点的证据,如果是这样,你还是可以继续坚持,直到你找到推翻的充分论证。

不依赖任何人的帮助,独自完成一件事

> 人是社会人,人的"社会性"和"群体性"决定了人不可能完全孤立。人都有一定的依赖性,然而,适当的依赖是建立在"独立"的基础之上的。

朗费罗说过:"不论成功还是失败,都是系于自己。"所以,凡事我们首先或是最后都得靠自己的努力,雨果也说:"我宁可靠自己的力量,打开我的前途,而不愿求有力者垂青。"是的,我们要在生活中树立自己动手的信心,丰富自己的生活内容,向独立性强的人学习。当我们学会了自立,就会发现自己已无所畏惧,无形中已增加了自我的筹码,会让自己不断走向希望,走向成功,拥有一个圆满的人生。

放弃自己的依赖性,独自去完成一件事。这件事必须要有意义,而且最好是有一定的挑战性。如果你自己就可以轻轻松松地完成,就失去了锻炼的价值和意义。

可能你有许多热心的朋友,以及你的亲人,他们总是习惯地想要去帮

10月　张开怀抱，拥抱生活

你，本来这对于你来说，是一件特别幸福的事，你可能一直都在享受。但是，你今天必须改变这个习惯，同时，也要请你热心的亲人和朋友改变他们的习惯。如果你平时非常依赖他们，那么今天的任务对你来说比较有难度，因为你总是会自然而然地想到他们，尤其当你面临困难的时候。

可能你一开始就不知道如何下手，离开他人的帮助独自动手，总会让你觉得有些怯怯的，还会有一些畏难情绪。你可以寻求他们的鼓励，但你不可以让他们代劳。你甚至都可以在不知所措的时候，向他们取经，向他们请教，让他们告诉你做事的方法。把你的困难告诉他们，让他们帮你分析，你可以寻求一切口头的帮助，但是，你必须亲自动手做这件事。

今天是一个开始，以后都要坚持，将来的某天，你甚至可以完全抛开他们的帮忙，抛开一切的依赖思想，这是你的目标，也是你今天行动的动力。

给心灵洗一个澡

> 平时我们洗澡，只洗身，不洗心。而给我们的人生洗澡，应该是外洗身，内洗心，把身体里里外外都洗得干干净净。

商代的君主汤在洗澡盆边写了9个字："苟日新，日日新，又日新。"汤在洗澡的时候，外洗身，内洗心，所以他在洗完澡后"身心舒畅"。也就是说，他洗澡时外去身上污垢，内去内心的渣滓，所以他洗完澡身心都很舒畅。

试问有多少人能够做到像商汤这般，时常为自己的心灵洗澡呢？你能做到吗？也许你以前不能，但今天，无论如何，也要试着给自己的心灵洗一个澡。不管你是否能够做到像商汤那么成功，洗得那么彻底，但至少，你可以试一下，尽你最大的努力，相信自己，你会有收获的。

大多数人的痛苦，都是因为自己看不开，放不下，一味地固执而造成的。痛苦就犹如人心灵中的垃圾，它是一种无形的烦恼，由怨、恨、恼、烦等组成。烦恼忧愁不会无故自生，总是由你生活中的一些具体的事情引起，然后在你的心灵里泛滥。找到烦恼产生的根源，把它赶走，很简单，就是把那些事放开。真的没有什么大不了的，再大的痛苦与不幸，都会过去。更何况，对于大多数人来说，所烦恼、所痛苦的，都是一些从长远来看非常微不足道的事，把自己的心胸放得宽大一些，这些烦恼忧愁，在你的心里，就占据不了多大的空间了。

清洁工每天把街道上的垃圾带走，街道便变得宽敞、干净。假如你也每天清洗一下内心的垃圾，那么你的心灵便会变得愉悦快乐了。

正面应对一直逃避的一件事

> 如果失去的已经找不回，逃避不是办法，幻想失而复得也不可能，只有勇敢面对，继续前进，才能活出不一样的精彩！

有这样一个发人深省的故事：法国一个偏僻的小镇，据传有一个特别灵验的水泉，常会出现神迹，可以医治各种疾病。有一天，一个挂着拐杖，少了一条腿的退伍军人，一跛一跛地走过镇上的马路。旁边的镇民带着同情的口吻说："可怜的家伙，难道他要向上帝请求再有一条腿吗？"这一句话被退伍的军人听到了，他转过身对他们说："我不是要向上帝请求有一条新的腿，而是要请求他帮助我，教我没有一条腿后，也知道如何过日子。"

失去的已然失去，回头也难找到，不如学习为所失去的感恩，也学会接纳失去的事实。不管人生的得与失，总是要让自己的生命充满亮丽与光彩，不再为过去掉泪，努力地活出自己的生命。

这是这个军人告诉我们的生活道理，不要以为这很难，只要你能够下定决心，你就一定能够做到。相信大多数人所逃避的事，应该不会比这个军人更惨，与他相比，你所面临的事是不是显得太微不足道了？当然，对于你来说，你的难题才是全世界最大的难题，你感觉不到别人的痛苦，你所有的感觉都只集中在你自己身上。

有些事情已经发生，不是你可以逃避的，逃避只是一种自欺欺人，仿

10 月　张开怀抱，拥抱生活

佛用一块黑布蒙着自己眼睛，对自己说，我看不见，我什么都不知道。然而这是没有用的，这个世界不会因为你眼前的黑布而遮蔽了它原本的光明。所以，有些事情，是你必须要面对的，逃避只能躲过一时的安宁，要来的终究是要来的，你只是在把一些难以接受的事实向后推移了。

大胆一点，对自己说，不要害怕，没什么大不了。勇敢面对吧，不但在思想上承认客观的存在，也要在行动上去改变由这些客观存在带来的悲惨，你所害怕的不就是这些悲惨吗？所以，用你的努力去改变它，如果这是可能的。

帮曾经伤害过你的人一个忙

> 对待别人的伤害，你是选择以牙还牙，还是选择以德报怨，就在于你是想拥有一个充满仇恨的世界，还是想拥有一个充满温馨和友爱的世界。

释迦牟尼说："以恨对恨，恨永远存在；以爱对恨，恨自然消失。"这也许很难，但爱不会平白无故地降临在我们身上，只有你首先付出爱，你才会收获爱。爱你所爱的人是幸福，爱你所恨的人，是一种更有意义的幸福。因为你在用你的爱，把爱的种子在一块贫瘠的土地上撒播，当它生根发芽，开满鲜花时，你收获的将是满眼的幸福与温馨。同时，你消除了仇恨，把幸福带给了这个世界，你也就成了一个伟大的人。

爱这个人，方法很简单，就是不计前嫌地帮他一个忙。这个忙不必很大，但足以让他感觉得到你的豁达与开朗，你的宽容与善良，还有一份仿佛来自另一个星球的温暖。

记住，你帮他是发自内心的，而不是去炫耀，去施舍，让别人难堪。不要把这种帮助当作一种羞辱和报复别人的手段，倘若如此，你会把你自己推上小人的舞台，那样的话，你还不如不帮的好。但是，你真心的帮忙被对方误解成黄鼠狼给鸡拜年——不怀好意，这是很有可能的，因为，这通常是一般人的思维惯性。记住，这个时候，不可动怒，也不要灰心丧气。因为你的善心是发自内心的，而不是为了求得一个回报，一份感谢。

无论是什么忙，你只需静静地去做就好了，不用像去要做什么重大的事情一样，虽然你可能费了很大的工夫去说服自己，但是，你一定要表现得很自然，就像你帮助其他人一样地那么轻松随意。让对方觉得你早已放下前嫌，在你的心中，你们之间就像没有裂痕的朋友一般。

甚至你都不用去考虑你的帮忙会在他的内心留下什么，你们的关系会有什么样的变化，你只需要做你能做的，做你该做的，尤其当他是真的非常需要你帮忙的时候。

享受孤独的自由

> 有时候孤独不是一种落寞和无奈，而是一份自由与闲适，只要你懂得享受。

不要任何人陪伴，只有你一个人，想做什么就做什么。你可以把自己一个人关在屋子里，也可以一个人去任何地方做任何事，这是你的自由，孤独的自由。

很多时候，我们因为有其他人在身边，要顾及他人的感受，很多事都不是按照自己的意愿来做的。比如，和朋友一起吃饭，你喜欢吃辣，而朋友不能吃，所以你得考虑到朋友的口味；一家人看电视，你喜欢看体育节目，而其他人都想看连续剧，所以你只得少数服从多数；大伙一起去公园玩，你想玩小孩喜欢的"碰碰车"，大伙却笑话你幼稚，所以你只得作罢……今天你没有任何束缚了，你可以做你喜欢做的任何事，这就是孤独的自由。

孤独是自由，还是落寞，在于你自己如何去平衡。一个人的空间里，应该给自己找点事情做，如果只是无聊地闷坐着，当然会觉得空虚寂寞。当然，你也可以什么都不做，把自己关在家里，闷着头睡大觉也是不错的选择。

一个人，其实就是自己与自己相处。这也是一门学问，并不是每个人都懂得与自己和谐相处。懂得与自己相处的人，在一个人的空间里，能够抛却

10月　张开怀抱，拥抱生活

往日的浮华，只剩下闲适与放松。你可以静静地听着你喜欢的音乐，或投入或随意地看你喜欢的书。你也可以为自己做一些好吃的，一瓶红酒，自斟自饮，好不开怀。

你还可以背着行囊去任何一个地方徒步旅行，带着相机，拍下你所到之处的风景，幻想你正在环球旅行，哪怕你只是在做环城旅行。其实这样也不错，你所在的这个城市，肯定还有许多你没有涉足的地方。去走走，去看看，特别是那些久闻而未亲见的地方，今天就把所有的遗憾都弥补。一个人的空间里，就是这样的自由随意，原来孤独还可以这样享受。

到大自然中去感受万物生灵

> 有一个地方，永远孕育着希望与生机，它能抚平所有浮躁与不安，烦恼与忧愁，那就是大自然。

如果你生活在乡野，那么到自然中去感受万物生灵对你来说很简单，也许你每天都有机会做这件事，但是，对于大多数生活在城市里的上班族来说，恐怕这种机会就很难寻觅了。

去郊外，最好是大清早的时候就能赶到那里，因为早上的空气是最清新的，而且清晨是万物苏醒的时刻，你会感觉到格外的生机盎然，从外到内，你都会有种生机勃发的感觉充盈到你的全身。想体验这种感觉吗？那就早点出发吧。

这个地方，最好有山有水，有花有草，有虫有鸟，让你可以感受到大自然一切的气息和声响。

闭上眼睛，用心聆听鸟儿鸣叫的声音，是不是感觉它们是在歌唱。它们是在歌唱它们美丽的世界，动人的生活，你也可以的，和鸟儿们一起歌唱吧。

再看看碧波荡漾的湖水，如果你那里有湖的话，没湖有一条小溪也不错，看落花随着流水漂移远去，听溪水淙淙的流动，就像是生命在流动，你会觉得这个世界是活的。生机孕育着希望，如果你有什么难过的事，如果你对生活有一点失望，听听大自然的声音吧，你会重新找到生活的希望。

还有大树郁郁葱葱，初升的阳光下树影婆娑，如一个妙龄少女在跳舞，婀娜多姿的身影，昭示着青春的无限美好。如果你正当青春年少，请珍惜大好年华，努力奋斗。如果你的青春已经远去，请不要悲叹，把青春的精神留下，只要心中有希望，拥有不老的精神，青春就能在我们的心里，在我们的血液里，在我们的骨髓里永驻。

呼吸一口新鲜空气，张开你的双臂，把大自然的气息拥抱在你的怀里，大声对自己说：生活多么美好，我要学会珍惜，让希望永远留在心里。

清晨采集露珠

> 生活中因为有了积累，才变得深厚和宽广，工作是这样，学习是这样，感情也是这样，给自己一点耐性和希望，用心享受累积的过程。

你可以利用晨练的时间，在你家的小区里采集露珠。只要是有树的地方就有露珠，当然，最好是那种小树苗刚刚发出的新芽上的露珠。

你要轻手轻脚地走到小树苗跟前，不要触碰到任何枝叶，因为轻微的触碰就能抖落树叶上的露珠。露珠在小树叶的叶尖上，所以，小树苗的树叶最好是有尖尖的叶子的那种。看着盈盈欲滴的露珠，千万不要因为激动而心急，小心翼翼地把塑料袋的口对准露珠，轻轻一抖，让小露珠自然地滚落到袋内。注意了，抖落树叶的动作千万要轻柔，不要因为一片叶子的动静，而影响到其他叶子，让其他树叶上的露珠滚落一地。就这样，一片一片地采集，一两滴露珠真的没有多少水，这是个累积的过程，所以需要你有点耐性，用心体会这个积少成多的过程吧。

不要因为贪求速度而乱了方寸，采集露珠必须小心翼翼，不能心急，保护好你手中的塑料袋，塑料袋最好比较结实，不要让树枝给划破了，否则就前功尽弃了。

不要奢望能采集到很多露珠，有些东西就是因为稀罕才珍贵，露珠也是如此。露珠是绝好的美容精品，把采集好的露珠拿回去敷脸，感觉真的会很不错。如果你是男士，把它作为礼物送给你的爱人，她定会感动万分，最关键的是，是你的这份细心难能可贵。

10月　张开怀抱，拥抱生活

如果你今天能采集到大半塑料袋水，那就是非常成功了。回去以后把它冻在冰箱里，尔后拿出来冰敷，效果会更佳。

独自去散步

> 一个人走着，什么都可以想，也什么都可以不想，便觉得自己是个自由人。因为真正的旅行是一个人的旅行，只有一个人才能身心自由，静思默想。

一个人散步，没有可以交谈的对象，自然是有点沉闷，有点儿形单影只，因为这时在街边路旁散步的，多是一对对年轻的情侣，或是一些步履不再矫健而相携相扶的老夫妇。但一个人散步，却又有着许多的好处。你可以随意地选择或改变要走的路线，而不用与人相商，也不用担心别人反对或者不悦；可以随处站下或找一块石头小坐片刻；也可以看看天空，有月亮时就可以久久地凝视着这千古一轮的月儿，想一些关于月的神话、传说和科学探测；无月时仰望满天的星斗，也别有一番情趣。天上有一些星星，确是真正的"明星"，并且千古不变不灭，比之我们这个尘世中的那些"明星"来，可就要长久永恒得多了。你看那牵牛星、织女星、北斗星、启明星……千万年了，还是那样明明亮亮地镶嵌在夜空中，让我们从童年到老年，都注视着它们。

独自散步，除了锻炼身体的意义外，更多的好处还在于思想。人在自由状态的运动中，比正襟危坐在书桌前更利于思考和想象。有时你会不由自主地自言自语起来，似乎有一个看不见的人和你走在一起。

事实上，这时你真的不是一个人，因为在你的心灵中，这时一定有一个人在陪伴着你。也许是一位红颜知己，或者是一位忘年之交，不管他或她是远在他国或已辞别人世，在你独自的散步中，他或她就会出现在你的脑海里。你们继续着以前的话题，关于一首诗，关于一篇有趣的故事，你们交谈着甚至争执着……许多新鲜的念头，也会像闪电一样，穿过厚重的云层闪耀出来，让你感到震撼和炫目。

确实，许多有价值的思想，许多的灵感，就是在这种独自散步中产生出来的。在独自的散步中，很少有孤独的感觉。因为真正的孤独是心灵上的孤独而非形式上的孤独。有时在节日，在晚会上，在人群中，你反而会感受到一种无法承受的孤独。那是一种找不到朋友，也丧失了自在的自我之后的一种孤独。

独自散步犹如为心灵解锁，个中滋味非独自散步者莫能体会。人的心灵，其实是个囚室。衣、食、住、行之生活琐事，整天缠着身子，谁不感觉心累呢？单位上的人事纠葛，家庭里的烦恼困惑，整天亦缠着身子，哪个不叫唤辛苦呢？

所谓辛苦，其实便是心苦。天长日久，心灵忧郁，盘绕在心头的烦恼便会"剪不断，理还乱"，形成死结。独自散步时，你置身室外旷野，可以袒露心灵使之与大自然的宁静与生机融合。

睡前喝一杯浓浓的牛奶

> 生活像一道菜，你就是厨师，酸甜苦辣都由你自己去添加，但希望加得最多的是浓浓的甜；生活像一本书，让人百看不厌，从中你学会了许多。享受生活，就是享受生活的乐趣。

牛奶含有丰富的营养元素，可以补充身体所需的很多微量元素，还可以美容，同时，牛奶也是公认的助眠好饮品，睡前喝一杯浓浓的牛奶，可以起到很好的催眠作用，对于大多数有失眠习惯的人来说，真是个不错的选择。

即使你没有失眠的坏毛病，睡前喝牛奶对身体也很有好处，而且，可以提高你的睡眠质量。最好，能在睡前喝上一杯热热的浓牛奶，那样喝起来特有感觉。

在你享受这杯牛奶的时候，你可以在你的卧室里放上一段轻音乐，一边喝一边听着柔美的音乐。音乐也可以帮你入眠，当然，你要选好音乐，那种轻柔舒缓的比较适合。这种时候，你可以抿上一口葡萄酒，然后半躺在沙发上，微闭上眼睛，在音乐中随意地让思绪飘飞，甚至展开你的想象。你可以幻想你认为最美的事，让音乐带着你畅游。也许睡眠将近，你可以

10月　张开怀抱，拥抱生活

想象你躺在绿绿的草坪上，草丛中点缀着零星的小花，几只蝴蝶在飞舞，蜻蜓在嬉戏，风儿吹过，你是不是闻到了一阵芳香？哦，那是牛奶的味道。

你甚至可以号召你的家人，和你一起享受这份美味、这份快乐、这种幸福。不要小看这份幸福，其实，幸福就是这么简单，就在于你如何去创造，如何去体味。

煲一锅营养又美容的汤

> 虽然有时生活会像一杯白开水，但你一定要相信，它一定会越品越甜，虽然生活有时会像一杯苦涩的咖啡，但你一定要相信，怀着欣赏的心态去品，你一定会越品越香，虽然生活有时会遭遇挫折，但你一定要相信，天使只是暂时离开，你一定会成功的。

喝汤除了能促进人体健康外，亦可以美容。喝汤在促进人们美容方面的作用很多，如有的汤可润肤养颜、抗皱驻颜、增白莹面；有的汤可生发乌发、润发香发；还有的汤可丰形健身。

总之，美容离不开喝汤，这是最快捷的美容方法，尤其是在秋冬季节，喝汤能最快捷地补充人体皮肤所需要的水分，而水是养颜护肤最不可缺的。

煲汤以选择质地细腻的砂锅为宜，但劣质砂锅的瓷釉中含有少量铅，煮酸性食物时容易溶解出来，有害健康。内壁洁白的陶锅最好用。

煲一锅什么汤，选择什么材料，这就要看你想补什么了。有很多美容食谱对这种美容汤都有介绍，你也可以去请教在这方面比较有心得的朋友。煲汤的材料可能会比较复杂，倒不是因为材料稀罕，而是所需材料的种类比较繁多，没有现成的已经料理好的材料，需要自己一样一样地去购买。

不要因为困难就偷懒，自行减去某样材料，多花点心思，多跑几家药材或者食品店将材料买全。买回材料，按照食谱耐心熬汤，不可偷工减料，很多汤必须火候够了，功效才能达到。

汤煲好后，如果你有足够的信心，邀请你的亲人或者朋友，和你一起品尝你的劳动成果吧！

一年应该用心去做的事

清洗所有的脏衣物

> 生活需要用心去料理和照顾，才会开出最绚丽多彩的花朵。做一个勤劳的人，生活会馈赠你很多。

很多人都有一个习惯，脏衣物往往都是累积成堆之后，差不多都快没衣服可以换了，才记得把这些脏衣物洗了。尤其是有了洗衣机之后，家里的脏衣物又快堆积成山了吧，今天就做个勤劳的人，将它们统统清洗干净。我们通常会将它直接扔到洗衣机清洗，但在此之前，对衣物的种类进行区分是绝对有必要的，对颜色、质地以及污渍情况都要进行细分。

此外，最好再将衣物按所适用的清洗剂进行分类，中性清洗剂可以用来清洗较柔软的衣物，毛巾和衬衫等比较耐久性的衣物则需要使用弱碱性清洗剂。通过科学的方法将对衣物的损害降到最小限度才是明智之举。

清洗衣物，生活中还有一些小窍门，掌握这些小窍门，才能做到省时又省力。

比如，清洗白衣、白袜的窍门是，白色衣物上的顽渍很难根除，这个时候取一个柠檬切片煮水后把白色衣物放到水中浸泡，大约15分钟后清洗即可；清洗衣物怪味的窍门是，有时衣物因晾晒不得当，会出现难闻的汗酸味，取白醋与水混合，浸泡有味道的衣服大约5分钟，然后把衣服在通风处晾干就可以了；油渍的去除方法是，出现油渍时应及时清洗，可用溶剂汽油、四氯乙烯等有机溶液擦拭或刷洗，在清洁时，用毛巾或棉布将擦拭下来的污渍溶液及时吸附，使其脱离衣物表面，以防留下痕迹；果汁污渍的去除方法是，衣物溅上果汁应立即处理，先用热水清洗，或用湿布轻拍污处，再使用洗洁剂（或食盐水）洗净。其残留的黄色斑点可再使用漂白剂洗涤。时间较久的陈迹先用温甘油刷洗，再滴少许10%的醋酸刷洗，最后用清水漂净；油漆污渍的去除方法是，可用清凉油涂在刚沾上油漆的衣服的正反两面，几分钟后，用棉花球顺着衣料的布纹擦几下即可，如是陈漆迹，需涂上清凉油，等漆自行起皱后再剥下；茶水渍的去除方法是，刚沾上的茶水渍，可用70℃～80℃的热水揉洗去除，如果是旧渍，就要

10月　张开怀抱，拥抱生活

用浓盐水浸洗。毛料衣物染上的茶渍应用10%的甘油溶液揉搓，再用洗涤剂洗，最后用清水漂净；衣服泛黄巧清洗方法是，泛黄的衣服可用淘米水浸泡2～3天，每天换1次水，然后取出，用冷水清洗，晾干后，可恢复原有的洁白。

用这些小窍门将堆积的脏衣物一一清洗干净，一天下来，除了满身的疲乏，更多的还是内心的充实。

到一个舒适的地方晒太阳

> 我们的生活需要阳光，因为有阳光，万物才有了光辉；因为有了阳光，我们才会更加愉快，才会拥有一个好心情去对待一切。拥有一张阳光般的笑脸，快乐自己又能感染他人。无论在什么时候，只要我们学会用心去感受阳光，就一定能够发现阳光无处不在。

一般人们都认为，冬季常晒太阳对身体好，其实，秋天也应多晒晒太阳。

阳光中的紫外线能促进黑色素生长，使皮肤角质层增厚，阻碍病毒、细菌等有害物质侵入皮肤。直射的紫外线能直接杀死细菌和病毒，散射的紫外线能削弱病毒和细菌活动，抑制其生长繁殖。伤寒杆菌、结核杆菌在日光下数小时死亡，百日咳嗜血杆菌在日光下一小时即死亡，痢疾杆菌在日光下30分钟可被消灭，肝炎病毒在紫外线照射下，1小时便失去活性。流感病毒对紫外线很敏感，晒太阳可防止流感的传播。

晒太阳既可预防又可治疗佝偻病。阳光中的紫外线能使人体皮肤中的脱氧胆固醇转变成维生素D。据有人统计，1平方厘米皮肤暴露在阳光下，3小时可产生维生素D约20个国际单位。因此，采用晒太阳来预防和治疗佝偻病是最好的方法。另外，紫外线作用于皮肤时具有抗炎症、抗过敏、抗神经性头疼、改善皮肤营养状况等多种效应。阳光中的可见光部分还可增强情绪活动，提高人的情绪。

找一个舒适的地方去晒晒太阳，在阳台上放一把躺椅，躺在上面，轻轻摇晃，闭目养神，让阳光透过窗子照在身上，享受这种舒适温和的暖意。

如果你觉得阳台上空气还不太流通，阳光还不太充足，那就外出，去海边，去草坪上，去公园的长椅上，去湖边，去小树林，去大自然中感受阳光的味道。

晒太阳也要得法。一天当中，有两段时间最适合晒太阳：一段是上午 6～10 点，此时红外线占上风，紫外线偏低，使人感到温暖柔和，可以起到活血化瘀的作用；第二段是下午 4～5 时，此时正值紫外线中的 α 光束占上风，可以促使骨骼正常钙化。

还有，千万不要贪晒，秋天的阳光不比冬天的阳光，晒得时间长了对皮肤还是有伤害的，一般以 30～60 分钟为宜。

收集漂亮的树叶做书签

> 不要每天都千篇一律地做着同样的事，那样会让你觉得生活乏味又无趣，甚至会有一种厌烦的情绪。做一些新奇好玩的事，给生活制造一点新鲜的元素，让我们每天都能精神焕发。生活因为有了这些灵动的色彩而精彩非凡。

秋天的叶子五颜六色，特别美，而且树叶已经开始慢慢往下落，找一片树林，最好是树种比较繁多的林子，这样你可以收集到各种各样的树叶。

不要像扫落叶一样，一把一把地乱抓，制作书签的树叶要有讲究，一定要完好无缺，而且要表面平整。所以，你应该一片一片认真地捡起来，放在事先准备好的塑料袋里。塑料袋也要选择小型平整的，把收集到的树叶一片贴着一片整齐放在塑料袋里。每种树叶最好能多收集几片，因为你不能保证收集的树叶每一片都能制作成功。

回到家后，检查收集回来的树叶，选一些完好无损的漂亮叶子，把它们放在水盆里，清洗一下，再把它们拿出来，用卫生纸把它们擦干。然后，在每片叶子两面垫上几层厚厚的卫生纸，用书压上。等到傍晚的时候，再换上干燥的卫生纸，等完全干了，把叶子拿出来。

> 10月　张开怀抱，拥抱生活

　　还有另外一种方法，把树叶和碱块放在一起煮，叶子煮好后，取出，用细毛刷将表面的颜色轻轻刮掉，这样就只剩下透明的一片叶子了，将其放在通风处（阳光不要太充足）晾干就好了。

　　第一步工作做好后，下面的工作就是美化了，用彩色荧光笔在叶子上画上图案或写上格言，这时候你可以发挥你的想象力了，最好能画上一些能激励自己的图案，或写上励志类的格言或诗词。

　　美化工作完成后，最后在叶柄上系上一根彩线，这样一枚叶片书签就制作成功了。也许你不满足一枚书签，那么把上面的程序再重复，制作出各种不同的漂亮书签，把它们当作礼物送给朋友也不错。

资助一名贫困学生

> 胸怀宽广的人，装得下全世界，以己之微薄力量，给世界的某个角落一点温暖，世界就是因为这样才充满了温情和美好！

　　如何去资助贫困学生，这要视你的财力而定。如果你足够有钱，完全可以独自去资助一名学生所有的学费；如果你也只是刚刚够养活自己，那么就以你的余力给那些更需要帮助的人一点点资助，只要在你所能承受的范围之内。

　　爱心不应以金钱的多寡论深浅，而是看你是否在你所能承受的范围之内，做你力所能及的事情。

　　对于大多数人来讲，可能还没有能力去包揽某个孩子所有的学费，那么，就做你能做的吧。平时少买件漂亮的衣服，少吃一顿大餐，这对于你来说，并不会损失太多，却可以解决一个孩子的燃眉之急。

　　目前仍有很多贫困的孩子，所以你根本不必担心找不到可以捐助的对象，很多贫困山区的孩子都是非常可怜的。找到你要资助的这名学生，用你自己认为合适的方式，把你准备好的财物捐献给他。你还可以给他写一封慰问和鼓励的信，鼓励他不必为自己窘迫的处境担心，这个世界上有很多人都在关心他，大家会一直帮助他，直到他完成学业，希望他发愤图强，将来做一个有用的人才。

今天是你资助的开始，最好能够长期坚持下去。每隔一段时间，定期地给他一点帮助，也许这对于你的经济状况来说，有些困难，那么你可以在其他方面给予一些帮助，几句鼓励的话，也是你爱心的表现，起码让这个可怜的孩子知道，这个世界上有一个人在一直关心着他。

此刻，你会发现你的价值得到了另一种认可，你的生活也为之而改变。

到户外呼吸新鲜空气

不要埋怨生活的沉闷和疲乏，烦琐和单调，快乐和充实的感觉需要自己去寻找，为自己注入一点新鲜的元素吧！只要用心，生活就会有很大的改变。

建议你到开阔的地方去，离开空气干燥、不流通的办公室或自家的房子，走到户外去体验空气在鼻腔流动的感觉。

你最好能起个大早，如果你有晨练的习惯那最好，利用晨练的机会感受一天中最清新的空气，如果没有，那不妨比平时起得早一点点，去绿色植物多一点的地方，能见到新鲜土壤的地方，呼吸空气里泥土和植被的味道，就像纯净水里加入了几片玫瑰花瓣，清新而自然。

如果你一整天都有空那是再好不过了，你可以外出远足，去一个你认为空气最为清新的地方。一般来说，远离市区是最佳的选择，不要觉得旅途奔波，你可以怀着轻松愉悦的心情，邀几个朋友一起上路，还可以欣赏沿途的风景。如果你觉得途中空气不错，偶尔停下来，闭上眼睛，仿佛闭目养神般，但你的鼻子不要休息，做几个深呼吸。注意呼吸有什么感觉、什么声音，并注意呼吸是否畅通，体会空气流到胸腔的感觉，想象你的整个内部器官充盈的都是新鲜的气流，是不是有焕然一新的感觉。

如果你能到那种青山绿水的地方，遍地的野花小草，鸟儿在歌唱，昆虫在鸣叫，那将是你摄取新鲜空气的最佳场所。如果可以，尽量去那种地方吧，你会觉得生活是那么的美妙，再大的痛苦，再多的烦恼，此时此刻，也会化为乌有。

11月

挑战自我，勇敢追求

许多时候，我们输给的不是别人，而是我们自己。

因为自卑，颓废了意志；因为懒惰，丧失了机会；因为骄傲，蒙蔽了双眼。如此种种，不是外界的因素，而是自身的弱点。

一个人，想要潇潇洒洒、快快乐乐地过一生，首先就要认识自我，然后再不断地挑战自我。

挑战自我，就要不满于现状，不屈服于命运，不畏惧困难，不相信神话，勇于挑战生命的极限。

挑战自我，就要不断求新求进步，敢于开辟新的征程，乐于接受新的风雨，不墨守成规，不故步自封，敢于体验置之死地而后生的快乐。

一个人走夜路

> 生命中难免有些灾难突如其来，内心的恐慌让我们不知所措，不要害怕，迎面直上，勇敢地笑一笑，所谓的灾难也能现出一道美丽的风景。

今天不要像平时那样，一下班就早早回家，试着自己给自己加加班，等到天黑了再回家。当然，你要事先给你的家人或同住的伙伴打一个电话，告诉他们你今天要晚归，让他们不必担心。

一个人回家的时候，不要打电话叫人来接你，或者在某个地方等你。试着一个人在夜色中走完全程，当然你得确保你所在的这个城市的治安环境还不错，否则还是不要太晚回家。一个人走的时候，别忘了欣赏夜景，看看街道两旁的霓虹灯，看看夜色中的建筑群和白天有什么不同，看看夜色中疾驰的车辆和匆匆而行的人群。如果觉得害怕，不如轻轻地为自己唱一首歌，就像自己在舞台上表演一样，努力回忆歌词，争取把它完整地唱出来。这样努力思索的过程会分散你的注意力，恐惧感也会随之分散。或者塞着耳机，让音乐包裹着你，仿佛自己置身于一个音乐的世界，你会忘了夜色中你的孤单，反而感受到一种不受外界干扰的宁静感觉。

一个人静静地行走，也是思考的好机会，你可以想想你的人生和梦想，想想你这么多年来的生活，付出多少，又收获了什么，有没有给你现在和未来的人生留下什么启示？一个人静静行走的夜晚，也是放飞思念的空间，如果你心有牵挂，可能白天繁忙的工作占据了你所有的思绪，让你没有余暇去顾及心中那一腔情思，那么，现在就让它自由飞翔吧。

11月　挑战自我，勇敢追求

大胆对暗恋的人表白

> 勇敢表白，表面上看来是对爱情展开追逐，但其实是想努力找到完整的自己，即使到最后未能如愿和心仪的人在一起，却一定能够寻回自己曾经失落的部分。

爱有时不需要承诺，却需要真心表白。一份没有表白过的爱情，有如一册空白的日记，一份埋藏在心底的爱，也如同一本空白的纪念册，虽有无限的幻想和憧憬，最终的命运都是被沉默窒息，如果连开始都没有，又谈何结果？

勇敢表白，让对方明白你的心意，即使被拒绝，以后回想起来也不会后悔。因为自己曾经尝试过，也努力过。这是一段还没来得及开花的恋情，我们怎忍心让它无声地夭折？

爱，就大声地说出来，不要给自己的人生留下永远的遗憾。如果你不敢亲口说出来，那么就用别的方式，用文字来表达，给对方一封表白的信。如果你连亲手把信交给对方的勇气都没有，那么就用电子邮件。别忘了，现在你还可以用手机短信来表达你的心意。

主动约会喜欢的人

> 生活需要理性，但是太多的理性会压抑人的本性，有时候不妨尊重自己的心意，按照心的旨意来做一些事。

不管你是男士还是女士，尤其是女士，拿出勇气来，主动约会自己喜欢的人吧！

也许你们彼此有意，只是还没有捅破那层窗户纸，谁都不肯主动约会对方，那么，这个时候，你更应该主动一些了。也许只是你单恋对方，你还不知道对方的心意，那么，主动地邀约他，刚好可以趁此机会试探出对方的心意。

如果你不敢当面发出你的邀请，那么，就打一个电话。事先不要去担心对方的拒绝，很简单，邀请对方去咖啡厅坐坐，看一场电影，或者去公园走走，就当是作为朋友的一种邀约，这也可以理解为一种友谊的邀请。

其实，你大可不必想那么多，人有时候做事是需要冲动的，如果患得患失，思前想后，就会失去了行动的勇气。你之所以犹豫、胆怯，其实还是害怕被拒绝后，颜面上过不去，做人何必那么在意别人怎么想自己呢？做自己想做的，只要没有对别人造成恶意的伤害。为你的人生留下一些勇气的痕迹，就算将来回忆起来，也是一种骄傲。

不要压抑你对某人的不满

> 给自己的情绪一个发泄的出口，不要让它烂在肚子里，因为生活需要阳光的照耀，给阳光雨露留一个空间。

如果某个人让你觉得讨厌，或许是因为他今天做了一件特别让你恼火的事，你到现在心情还无法平静。换了平时，可能你就忍了，让情绪慢慢地消化。今天你可以不再忍下去，那样的确有点委屈自己，不要压抑这种情绪，总是忍耐对自己的身心也没有好处，今天就对自己好一点，让这种不满的情绪自由发挥出来吧。

当然，你不必真的对着这个人发火，因为有时冲动起来，容易产生矛盾，可能等你冷静下来，就该后悔了，而且，因为一点小事失去一个朋友，那样可就不值了。所以，你可以对着墙，把它当作那个人，把你心中的不满全部都表达出来，或者找一张纸，把你心中的愤懑全都写下来，就像在给他写信一样。

如果对方是一个和你关系不错的朋友，彼此很了解，也能宽容对方，那么你可以把你的想法告诉他，情绪别太激动就行，言辞也别太激烈，用一种比较平和的口气，讲出你对他的意见。并且告诉他，你觉得应该如何改善你们的关系，以后大家应该如何更好地相处。

11月　挑战自我，勇敢追求

一旦你的情绪得到发泄，就要下决心不再回顾这件事。生活必须继续，不要让它一再拖住你的思绪，毕竟它只是你许多经验中的一部分，放它去吧！

尝试新的工作

一个敢于改善自己现状，敢于尝试新事物的人，才是一个真正有生活勇气的人。

在如今这个时代，人们早就应该放下"铁饭碗"这个观念，人不能抱着在一个工作单位，甚至一个工作岗位待一辈子的思想，作为不断进取的人，就应该不断尝试新的工作机会，不断提升自己的能力。

尝试新的工作机会，绝不能凭一时的冲动，必须等到时机成熟，做好充分的思想准备后，才开始行动。首先，你要考虑现在的工作的确找不到你发挥的余地了吗？当然，也许是你找到了更好的发展机会，你觉得新的工作机会更能发挥你的潜能，对你的前途更有帮助。

如果你都想好了，那么不要犹豫了，开始为你的新工作机会准备吧。首先想想这个工作岗位需要什么样的素质和才能，你现在都具备了吗？新工作和你现在的工作有什么样的差别？你觉得你能适应新的工作环境吗？如果你去应聘新的工作岗位，你该如何向用人单位展示你优秀的一面呢？

把这些问题想好后，还要告诫自己一定要有一定的承受能力，万一失败，你有可能连现在的工作机会都丢失。但是不去尝试，又怎么去抓住改变现状的机会呢？

准备好你的简历和你的自信与口才，出发吧！

开始创业计划

> 能把大多数人所想的但不敢尝试的事,付诸实施,那需要非凡的勇气和魄力,无论成功与否,都必定能创造出不平凡的人生。

不可否认,世界上绝大多数的人都有创业的念头,但是真正能付诸实施的可能少之又少。对自己说一句,我不是一般人,我能行!

想要创业,先要制定一个创业计划,有了创业计划,你就可以按"计划"逐项进行工作,并努力付诸实施,在实践中调整修订计划以臻完善,使之真正成为你整个创业过程中的"行动指南"。一份成功的创业计划应明确经营的规划、步骤和要达到的目标。

创业战略是在创业资源的基础上的,描述未来方向的总体构想,它决定着创业企业未来的成长轨道以及资源配置的取向。首先得要有核心能力战略和企业定位,核心能力战略是创业企业的根本战略,不仅决定着创业企业能否存续,而且决定创业企业能否实现成功的跨越和进一步发展。而企业定位则包括创业产品定位和创业市场定位,决定着创业企业能否成功地进入并立足市场,进而拓展市场。反观中国许多企业,在一不缺乏创业资本二不缺创业技术的情况下,往往只是因为缺乏准确的创业战略而使企业走向夭折。因此要有跑马拉松的思想准备。列出任何可能会影响到规划的情况,考虑好调整、应变的措施。

欧美公司和中国公司有很大的差别,中国的公司认为它需要向每一个人提供自己的产品和服务才能够获得成功,而美国和欧洲的公司则会认清自己的目标市场,然后为特定的目标市场提供专门的服务。所以,建议你在制定创业计划时,一定要明确指出你们的目标市场是谁,针对你的目标市场展开你的营销活动和促销活动。例如,某公司生产一种新型椅子,专门针对大家庭的市场,因为这种椅子使得这种家庭清洁起来十分方便。于是他们在确定目标市场时,就提出了一个问题:在美国的城市里有多少4个孩子以上的大家庭?通过调查,他们发现在盐湖城等4个城市拥有数量最多的大家庭。于是这个公司把它的产品主要向这4个

11 月　挑战自我，勇敢追求

城市推出，结果非常成功。另外一定要提到的是你的竞争者，他们在做什么？他们的主要客户是谁？他们是否在盈利？

你一定要选择你有经验的和你所喜爱的行业。但同时必须注意：你所选择的事业本身必须有发展前途，前景可观。如果你所选择的业种本身效益不佳，你就需要重新研究确定想进入的行业。在前景不妙的行业内，你很难成功。即使是你所熟悉的行业，你是否有独到见地？你是否发现了别人尚未看到的商机……这对你的成功十分重要。同时，必须预测你的风险有多大，风险来自各个方面，有市场风险，有执行计划中的风险。在计划书中你不仅要一一列出这些风险，还要根据不同风险制定出不同方案。

学会投资理财

> 头脑清晰的人，往往会把自己的财物管理得很好，并敢于冒一定风险进行投资理财方面的经营。

或许你还没有意识到，作为白领的你，当每月的工资都被公司直接打在了卡上，自己用多少取多少，每月节余部分放在卡里吃活期利息时，这种多数同事们都采用的做法，已经让你白白丢掉了3倍左右的定期利息。看似几十元到几百元的差别，时间一长损失可就大了。更重要的是，这种方法非常不利于资本的积累，这样的"不理财"方式，让你很难存够10万元。

据了解，目前各家银行都有自动转存服务，用户可以凭工资卡和有效身份证件，到银行柜台开通这项服务，并可设定一个转存点，让资金在定期账户和活期账户间自动划转。通过这项业务，工薪族可完全实现为自己量身订制理财方案的目的，如设定零用钱金额、选择定期储蓄比例和期限等，实现资金在活期、定期、通知存款、约定转存等账户间的自主流动，提高理财效率和资金收益率。据统计，如果资金平均分配到3个月定期到两年定期，一年下来可以达到约1.75%的年综合收益率。不过，需要注意的是，不同银行的转存起点和时间有所不同。

另外，定期定额申购基金很适合工薪族达到强制储蓄的目标。已上市的各种开放式基金的数目已二三百支，它们的主发行渠道就是银行。那么，经常光顾银行的工薪族，不妨选定其代销的基金，跟银行签订一个协议，约定每月扣款金额，以后每月银行就会从你的资金账户中扣除约定款项，划到基金账户完成基金的申购。这种方式有利于分散风险，长期稳定增值。这种投资方法，不必掌握太多的专业知识，不必费心选定购买的时机，只需耐心一些坚持中长期持有，而且在一般情况下，基金定投的收益会高于零存整取的利息。正因为此，它甚至是工薪族为孩子储备教育金或筹划养老金的一个优良选择。

定期定额买基金，选定哪支基金特别重要。一般来说，这种投资方式适合股票型基金或偏股票型混合基金，选择的重要标准是看它的长期赢利能力。

写份创业计划书

> 为自己的梦想画下蓝图，是为了证明自己的聪明才智，更是为了用一种无懈可击的理由来说服自己为梦想付出。

对刚刚开始创业的风险企业来说，创业计划书的作用尤为重要，一个酝酿中的项目，往往很模糊，通过制订创业计划书，把正反理由都书写下来。然后再逐条推敲。创业者这样就能对这一项目有更清晰的认识。可以这样说，创业计划书首先是把计划中要创立的企业推销给了创业者自己。

那些既不能给投资者以充分的信息也不能使投资者激动起来的创业计划书，其最终结果只能是被扔进垃圾箱里。为了确保创业计划书能"击中目标"，作为创业者的你，应做到以下几点。

（1）关注产品。在创业计划书中，应提供所有与企业的产品或服务有关的细节，包括企业所实施的所有调查。这些问题包括：产品正处于什么样的发展阶段？它的独特性是什么？企业分销产品的方法是什么？谁会使用企业的产品，为什么？产品的生产成本是多少，售价是多少？企业发展新的现代化产品的计划是什么？

11 月　挑战自我，勇敢追求

（2）敢于竞争。在创业计划书中，创业者应细致分析竞争对手的情况。竞争对手都是谁？他们的产品是如何工作的？竞争对手的产品与本企业的产品相比，有哪些相同点和不同点？竞争对手所采用的营销策略是什么？要明确每个竞争者的销售额、毛利润、收入以及市场份额，然后再讨论本企业相对于每个竞争者所具有的竞争优势，并向投资者展示。顾客偏爱本企业的原因是：本企业的产品质量好，送货迅速，定位适中，价格合适，等等。创业计划书要使它的读者相信，本企业不仅是行业中的有力竞争者，而且将来还会是确定行业标准的领先者。在创业计划书中，你还应阐明竞争者给本企业带来的风险以及本企业所采取的对策。

（3）了解市场。创业计划书要给投资者提供企业对目标市场的深入分析和理解。要细致分析经济、地理、职业以及心理等因素对消费者选择购买本企业产品这一行为的影响，以及各个因素所起的作用。创业计划书中还应包括一个主要的营销计划，计划中应列出本企业打算开展广告、促销以及公共关系活动的地区，明确每一项活动的预算和收益。创业计划书中还应简述一下企业的销售战略：企业是使用外面的销售代表还是使用内部职员？企业是使用转卖商、分销商还是特许商？企业将提供何种类型的销售培训？此外，创业计划书还应特别关注一下销售中的细节问题。

（4）表明行动的方针。企业的行动计划应该是无懈可击的。创业计划书中应该明确下列问题：企业如何把产品推向市场？如何设计生产线？如何组装产品？企业生产需要哪些原料？企业拥有哪些生产资源，还需要什么生产资源？生产和设备的成本是多少？企业是买设备还是租设备？解释与产品组装、储存以及发送有关的固定成本和变动成本的情况。

（5）展示你的管理队伍。把一个思想转化为一个成功的风险企业，其关键的因素就是要有一支强有力的管理队伍。这支队伍的成员必须有较高的专业技术知识、管理才能和多年工作经验，要给投资者这样一种感觉："看，这支队伍里都有谁！如果这个公司是一支足球队的话，他们就会一直杀入世界杯决赛！"管理者的职能就是计划、组织、控制和指导公司实现目标的行动。在创业计划书中，应首先描述一下整个管理队伍及其职责，然后再分别介绍每位管理人员的特殊才能、特点和造诣，细致描述每个管理者将对公司所作的贡献。创业计划书中还应明确管理目标以及组织机构图。

(6) 出色的计划摘要。创业计划书中的计划摘要也十分重要。它必须能让读者有兴趣并渴望得到更多的信息，它将给读者留下长久的印象。计划摘要将是创业者所写的最后一部分内容，但却是出资者首先要看的内容，它将从计划中摘录出与筹集资金最相干的细节：包括对公司内部的基本情况，公司的能力以及局限性，公司的竞争对手，营销和财务战略，公司的管理队伍等情况的简明而生动的概括。如果公司是一本书，它就像是这本书的封面，做得好就可以把投资者吸引住。成功的计划书会使风险投资家有这样的印象："这个公司将会成为行业中的巨人，我已等不及要去读计划的其余部分了。"

一整天不开小差，全心工作

> 除非是火烧眉头，很少有人让自己的精神持续处于紧张状态，过度的紧张反而让人难以正常发挥，只有必要的紧张才会让人有机会完全发挥。

改变平时工作时的漫不经心和随心所欲，专心于手头的任务，最好给自己下一个死命令，今天必须完成多少任务。这个工作量可能要超出平时，因为平时真正工作的时间可能比今天要少许多，至少，在今天任务完成的质量上要高于以往。

控制自己，不要加入大家的闲话会，也尽量不要去旁听，否则手中的活就慢下来了，甚至会因为注意力的分散而出差错，影响工作质量。

11月　挑战自我，勇敢追求

也许别人都会在累了的时候，喝喝茶，看看报纸，不要觉得心痒痒的，想想利用这段时间你可以比别人多干很多活，当一天的工作时间结束的时候，你会比别人多收获一份内心的充实感。

不但在行动上不让自己闲下来，在思想上也不要走神。有时候，你可能会在累了的时候想想工作以外的事，尤其当你有心事的时候。今天尽量让自己的思绪集中，不要任意神游。

其实这很简单，当你用工作把自己的脑子填满的时候，你不可能再有余暇去顾及那些所谓的心事，无论是高兴的事，还是烦恼，工作的时间都不要去想它。

坚持，坚持就是胜利，可能让你连续工作一两个小时不开小差，这不算什么难事，但是，难就难在，在一整天的时间里，你都要持续不断地专注。人难免会在不知不觉中走神，一旦发现自己的注意力分散，就马上对自己喊"停"，然后让自己把全部的注意力转移到正在忙的工作上来。也许这有些难，但是努力，加上不断地克制，坚持到最后，你就成功了。

和朋友一起分析你的弱点

> 敢于把自己最不光鲜的一面敞露给别人看，并与人剖析，才是真正有勇气完善自己的人。

人人都说，旁观者清，也许别人比你自己更清楚你的为人，尤其是你的弱点，因为人们常常由于自傲自负，而看不到自己的短处。

找一个非常熟悉你的朋友，最好是你的死党，如果你有这样彼此信任的朋友，让他今天毫不客气地指出你所有的毛病，不管用什么样的言辞，最好不要讲什么朋友的情面。你可以自己先开个头，说出你对自己的认识，对自己哪些方面深恶痛绝，而又无可奈何。然后请你的朋友对你作出评价，也许有些方面是大家对你的共识，而你自己也认识到了，而某些方面你还没有认识到，并不知道你在别人眼里是这样的。

可能，某些方面你认为是自己的缺点，而在别人眼里却是并不是什么毛病。因此，你也不必对自己的缺点灰心丧气，如果往正确的方面引导，缺点也可以变成优点。

你的态度首先要谦虚诚恳，如果朋友说到你的痛处，可能是你平时比较忌讳的，或者有些方面是你不太认同的，你有你的解释，你也要记住，朋友现在是在帮你，而不是在恶意揭你的短。所以，无论朋友说什么，首先你都要诚恳地表示接受，并表示感谢。如果你觉得有什么委屈和苦衷，你可以心平气和地向你的朋友解释，但是，无论如何，这也表示你的某一方面在别人眼里并非如你所想的那样，这也是你为人欠缺的地方。

分析完所有的缺点，接下来该想办法改善这些缺点。你可以与你的朋友一起讨论，可能很多方面是你以前想到过的，并试图去努力改正的，但是却屡屡失败。也许很多时候都是由于你的毅力不够、决心不够，那么这次，向你的朋友发誓，表明你坚定的决心，并要求他作为你的监督者，往后督促你不断改正缺点，提高自己。

向你曾经对不起的那个人道歉

> 有时候，明知自己错了，却不肯低头，更无法开口，向那个被你的错误所连累的人说声对不起，人生的遗憾往往就是这样造成的。在你还能有机会道歉的时候，勇敢地站出来，让你的良知不再受累。

向人道歉需要你鼓起足够的勇气，首先看看这个人现在是否还能联系得到，多方面、多途径打听也是必要的，其实，只要你有心，并肯努力去寻找，想找到一个人并没有多难。

你得明确一点，道歉的目的并不是为了祈求某人的原谅，事情也许已经过去了很久，别人说不定早已不放在心上，你这样做的目的，只是为了坚持一种做人的原则，也是为了寻求内心的一种安宁。

也许你所做的事，给对方的心理造成了一种极大的伤害，到现在还未平复，你现在的道歉，对对方来说，也是一种安慰。

也许对方还在生气，不管对方现在对你采取什么样的态度，你的态度

11月　挑战自我，勇敢追求

首先得万分的诚恳。

也许，对方等的就是你的一句对不起。一句对不起，就可以冰释前嫌，又可以让你赢回失去的友谊，何乐而不为呢？

当然，事先你不要有任何的期待，只需要做你想做的，道一声歉就是你要做的全部。道歉也意味着承认自己曾经犯过的错，这需要足够的勇气，拿出你的勇气来，坦然地面对吧，不管它过去多久，毕竟它是你人生的一个印记，尤其他对别人造成了影响。

有责任感的人，是不应该逃避的，勇敢地面对自己的过去吧！

在某个大会上积极发言

> 敢于并且善于表现自己的人，才是真正对社会有用的人，因为如果你空有一身本事，却无法表现并作用于社会，那你和一个无能的人基本上没有什么两样。

这次大会的主题是什么，这是你首先要弄清楚的，然后认真领会大会精神和主旨，认真听取大会主席的讲话，在边听报告的时候，脑子里要飞速地运转，形成你自己的观点和见解，并形成流畅的语句。

一旦你考虑成熟，待到流程进行到与会人员发言的环节，不要犹豫，也不要等待，做一次第一个发言的人，那感觉会很不错。

当所有人把注意力都转移到你身上，聚精会神地听你的讲演时，你一下子就成了这次大会的中心人物，而且，如果你的发言能起到抛砖引玉的作用，你就对这次大会发挥了重要作用。

不要觉得自己发了一次言就算完成了任务，就可以松一口气，甚至让你的思想游离于众人的言论之外。你要始终保持高度的注意力，当别人发言的时候，你既要认真听取，也要仔细思考。

别人的言论也会启发你的思维，无论你是感同身受，还是心存异议，都要立即表达你的思想，让大会变成一次大家交流的机会，众人的踊跃发言，慷慨陈词，才能把大会推向高潮，这才算是真正成功的大会。

不管其他人发言是否积极，也许其他人都低着头保持沉默，但你要始终保持你积极的状态，哪怕所有人里面，只有你一个活跃分子。

而且你要相信，你的热情定能点燃大家的激情，不如，把这当作你的目标，加油吧！

做一件大家都不赞同的事

> 真正有个性的人，总会做一些特立独行的事，即使没有鲜花和掌声的祝福，也不管最后结果如何。这种敢于行动的勇气，就足以使其他人汗颜。

这不是让你顽固地成为众矢之的，也不是让你为了个性而个性，而是当你真的有足够的理由坚持自己的见解，并有充分的信心能成功地完成这件事，那么，就不要让众人的唾沫把你的声音淹没，站出来，行动吧！

做一件事最大的难度就是，你要顶住所有人都反对的压力，可能在你刚刚鼓起勇气，准备行动的时候，立马就有一瓢冷水泼过来。

千万不要被这瓢冷水浇灭你所有的热情，热情的火把需要你自己点燃，没有人为你助燃，一切都要靠你自己努力。

在顶住所有压力的同时，你还要保持清醒的头脑和充沛的精力，来认真策划完成这件事的最佳策略，并用全部的力量来实施。这个时候你最好把自己当作聋子，做一个力排众议，果敢行动的实干家。

当然，你也不能保证这件事最终能如你所愿，也许事与愿违，但是，做一件事的时候，你要记住一句话，真理往往都是掌握少数人手里。

事先不要去管结果，即使最后的结果会让你失望，至少，通过这件事证明了你的勇气，你的心理承受能力。这不是一般人所能做到的，这似乎比事情本身的成功与否更加有意义。

11月　挑战自我，勇敢追求

去拜访自己崇拜的人

> 做自己想做的，说自己想说的，不要在乎别人怎么想，人生的快乐在于不违背自己的心意。

他可能并不认识你，或者你根本就没跟他讲过几句话，可想而知，对方可能对你并没有留下什么印象，但是他的光辉形象在你的心目中留下了深刻的烙印。

如果你真的很想和他交流，就要自己争取机会，花点心思，先搞清楚他的住址或者他工作的地方，总之任何你能找到他的地方。

这无疑有些冒昧，事先对方并不知道你的拜访，而且，他可能根本就对你没什么印象。但是，如果他真的值得你崇拜，他就应该是一个有涵养的人，这样的人是不会拒绝真心人的好意的。

其实最主要的是需要你的勇气，而不是对方可能的态度，以及日后对你的看法。见到对方后，先平复一下你激动的心，不要因为情绪激动而语无伦次，简单而清楚地说明你的来意和你对他的敬仰，大方得体地介绍自己，然后很自然地和对方开始攀谈。

当然，首先你得很礼貌地询问对方是否有时间与你交流，如果对方有空，想办法勾起对方与你交流的欲望和兴趣。以你对他的了解，猜想对方可能对什么感兴趣，尽量去谈对方感兴趣的话题，燃起对方谈话的激情，甚至使他想了解你，想与你交朋友，这就要看你的交际能力了。

最好能带一件礼物去拜访，礼物不必太贵重，太贵重反而显得有些谄媚和更加的冒昧。礼物在于合适，适合对方的身份，适合你们之间的关系，能表达小小的心意即可。其实，最主要的，是为了礼仪的需要，所以，一点水果，一些小点心，或者一束鲜花是最合适不过的了，当然，如果你有什么别出心裁又恰到好处的礼物，那是最好不过的了。

大胆地去相一次亲

> 缘分，有时候会在你等待的状态下悄然降临，但更多的时候，需要你主动地去争取。当缘分来临的时候，更需要你好好去把握和珍惜，为你的爱情赢得机会，这样才是真正的爱情勇士。

在现在都市生活中，"相亲"似乎已经成为一种流行。对于大多数青年男女来说，这已经是司空见惯的事，很多人已不再排斥，而不是像从前那样，说起相亲，一脸的不屑，似乎把它当作一种落后的文化而嗤之以鼻。

相一次亲吧，如果你还尚未婚配，如果不能有期盼中的结果，就当认识一个朋友也是不错的。实际上，现在很多人都是抱着这样一种心态加入了相亲大军的队伍。

其实，摆正心态之后，相亲也是很有意思的。相亲也有很多种方式，最传统的大概就是，由双方介绍人领着男女双方见面，聊着聊着，瞅准一个机会，双方介绍人先行退场，留下两个当事人互相了解。

现在大部分的相亲，介绍人都不出场了，只需要给双方当事人彼此的联系方式，怎么进展全看当事人自己了。采取什么方式，全看你自己的选择了。见面之前，你也要好好准备一番，起码在外形上，要好好地打扮一番。这不是虚荣，而是对对方的一种基本的尊重，这起码表示你对这件事的重视。

见面之后，也不用如何刻意地去表现，把你最真实最自然的一面展现出来就行了。真诚地和对方进行交流，以结识一个新朋友的态度去对待这次相亲，无论对方是否是你所欣赏的类型，热情大方应该是你由始至终的态度。

相亲，你准备好了吗？不要错过一次结交朋友的好机会！

11月　挑战自我，勇敢追求

与虚拟世界里的陌生人聊天

> 四海之内皆朋友，如果有可能，不要错过任何一种结交新朋友的途径和机会。生命中最难得的友谊，是没有心灵负累的朋友。

网络为我们提供了很多资源，也给了我们结交新朋友的机会，比如结交网友。虽然很多人对这个虚拟世界的友谊颇有微词，但是，不可否认，这是一个认识朋友的很好的途径。其实，赢得友谊最关键的不是途径，而是我们对待友谊的态度。

网络为我们提供了众多的聊天工具，比如，我们常见的QQ、MSN、ICQ等，你习惯用哪一种呢？

你可以去浩瀚的网络世界里去主动找寻你想结交的任何一位在线用户。网络会公开用户的一些基本资料，这是每位用户在注册时自己填写的个人信息，有些还提供了个性签名，从这些个性签名中，多少可以窥见此人的性格特征，至少是个性的一个缩影。如果你从这些信息中获得了某种共鸣，或者很欣赏他，那么就加他为好友吧。

很多时候，甚至不需要你主动去找寻，也会有很多陌生人闯入你的视线，也许平时的你看也不看，一概拒绝，那么今天改变一下风格，有选择地接受一些人友好的邀请吧。

和陌生人聊天，也要本着真诚的原则，人与人之间，只有付出了真诚，你才能收获真诚，这些都是相互的。如果你对别人存有防心，有所保留，那么别人也能感受到你的疑虑。当然，虚拟世界毕竟不是实实在在的现实世界，稍有谨慎心理也是可以理解的，也是必要的。

其实只是聊天，大家可以就一个彼此都感兴趣的话题，随心随意地聊天。这种聊天，反而会因为彼此的不相识、不了解，而无所顾忌，无所约束，反而会有一种在现实世界里无法企及的轻松。

一年应该用心去做的事

尝试着说服别人做某件事

> 晓之以理,动之以情,说服一个人需要花费很大的精力和时间,因为说服不能强迫,而需要让别人心悦诚服。

在你小的时候,你也许听过这个故事:北风与太阳打赌说,它可以吹掉一个人的大衣。太阳答应和它打这个赌。于是北风使劲地吹啊吹,而那个人更用力地将大衣裹在自己身上。不管北风刮得多猛烈,它只能使那个人将大衣裹得更紧。最后,北风放弃了。太阳说:"我知道该怎么做。"太阳开始将温暖的阳光洒在那个人身上。几分钟后,那个人慢慢松开了大衣。接着,太阳更温暖地照耀着这个人。最后,那个人将大衣完全脱掉。凭着自己的温暖,太阳很快做到了北风竭尽全力也做不到的事情。

这就是原则:说服人们最容易的方法是帮助他们得到他们想要的东西。

不管你多么能说会道,不管你有多少事实与数据支持自己的观点,如果人们不想做某件事情,你是无论如何也说服不了他们的。所以,说服人们实际上是一个找到人们喜欢什么、需要什么、想要什么的过程。所以,想要说服某人做这件事,那么就试图从这件事中找到此人感兴趣的部分,或者通过你的劝说,让他对这件事产生兴趣,这才是关键所在。

征服,口若悬河,操纵人们,这些都不是说服。它们只是控制人们的不同方法。 说服人们就是与人们想要的东西达成一致意见,然后帮助他们找到得到这些东西的方法。这样,所有人都可以赢。如果有人没有赢,他就不会心悦诚服。

关注对方的肢体语言,当他谈到自己想要的东西时,他会以某种特殊方式"明亮"起来。他似乎变得更有能力,更有活力。当这种情况发生时,隐含的信息就会明朗起来。

留意对方的用词,当他说"问题在于……"这些话语的时候,他正在告诉你他们有一种需要。例如,如果他说"问题是我们没有时间做其他

11月　挑战自我，勇敢追求

事情"，那么他正在告诉你，他们需要给自己更多的时间。

当有人说"我真希望我可以……"的时候，他正在表现出一种需要，你就应将谈话转到那个方向去。

品味对方的埋怨，每一个埋怨的背后都隐藏着一个秘密的渴望。如果你能学会将人们的消极话语翻译成它所对应的积极话语，你就会知道人们想要什么，而知道人们想要什么是说服他们的金钥匙！

做一份兼职

> 尝试另一份职业，不一定非要放弃现有的，如果你的精力允许，鱼与熊掌兼得也不是不可能的。

如果你的工作不是整天加班的那种，你就完全可以尝试另一份工作，作为兼职，当然得与你的正职协调好，也就是说，在不影响你目前的工作的前提下，用余力做这份兼职。

首先，在时间上，必须是在你业余的时间进行，不能把你的兼职带到工作岗位上来，尤其不能在你的工作时间内一心二用。你可以利用你每天下班后的时间，或者周末来做兼职。

其次，在精力上，也必须保证在你的能力范围之内。可能你虽然不用每天加班，但是你的工作强度很大，下班后你已经是筋疲力尽了，这种情况下，你觉得你还能有余力去做另外一份工作吗？

最后，这份工作，必须是你所感兴趣的，有些人可能是为了挣一份外快，当然，这个目的是无可厚非的，但是，首先你得是为了兴趣而工作。兴趣是最大的动力，只有在做自己感兴趣的事情的时候，才不会觉得累，也许是对你一天疲劳工作的一种精神缓解。

这份兼职，也可以是为了你的理想。也许，你理想的职业并非是你现在所从事的工作，那么，用一份兼职来弥补你内心的遗憾，是你最好的选择。试问有多少人又能如愿以偿地从事自己最为理想的职业呢？虽然说，干一行爱一行，工作时间长了，很多人自然对自己的工作产生了热爱，但有机会圆原来的梦，又怎能放弃呢？

虽说是兼职，也要本着认真负责的态度，尽你最大的努力去完成。虽然它可能与你个人的升迁没有什么关系，但不可否认，它绝对与你的个人能力有关系，也许还会影响到你的职业生涯和人生轨迹。所以，认真对待，谨慎选择！

去自己梦寐以求的工作单位应聘

> 梦想的实现，在于勇敢地去尝试，否则，梦想永远都只能是梦想。也许你不会成功，但至少你努力过，这才是最重要的。

对于很多人来说，能否拥有成功的事业、惬意的生活以及快乐的心情，很大程度上在于他是否找到了一份能够发挥个人特长的工作。但是，在就业竞争激烈的情况下，虽然你和别人拥有同样的受教育背景、同样的工作经历，却未必能像他人一样获得心仪的工作，那是因为在获得工作之前，你要跨过一道求职的坎儿。

要想成功跨越，除了首先要为你自己增加含金量外，还要做到知己知彼，也就是了解招聘单位需要什么样的人，知道根据招聘单位的特点，弄清他们更侧重于考察你的哪些方面，你需要注意哪些事项以及如何突击提高。

自信，是你今天最需要的，然后，就是做到自然，别紧张，既不要太刻板，也不要太随意，自然地做你自己。

从心理学的角度来看，一个人的言谈举止反映他的内在修养，比如，一个人的个性、价值取向、气质、所学专业……不同类型的人会表现出不一样的行为习惯，而不同公司、不同部门，也就在面试中通过对应聘者言谈举止的观察，来了解他们的内在修养、内在气质，并以此来确定其是否是自己需要的人选。从踏进大门的一刻起，你的言行举止：怎样和面试人员握手、打招呼，怎么样递送自己的简历，用什么样的坐姿，这些不经意间完成的动作都可能在单位的考察范围之内，面试能否成功也许就在你不经意间被决定了。

11月 挑战自我，勇敢追求

其实在职场，常胜将军并不总是那些出类拔萃的人，能力并不出众的求职者，找到好工作的例子比比皆是，在这里关键是看对这份工作有没有诚心。

积极表现出你对这份工作的渴求度，不要只是抱着试试看的心态，把能不能得到工作全托付给了运气，自己则毫无目标和规划。不要这样，很多单位都不喜欢用这样的人，既然有更需要这份工作的人，为什么不把机会给他们呢！所以，你要积极表现出你的热情，你要让招聘单位从你身上感受到你是非常想从事这份工作的信息，让他们觉得，把工作交给你，会换得你感恩的心，从而工作起来会非常认真、努力。

参加中奖活动

> 幸运之神需要你主动地亲近才会悄然降临，如果你连去梦想的勇气都没有，你就永远都不会知道幸运之神在某一个瞬间与你擦肩而过。

社会上的中奖活动形形色色，当然，你不能随便就去参加某一种，在参加之前，先对这个活动作一个简单的了解。活动的性质、形式、规则、中奖概率，等等，都必须做到心中有数。

当然，也许你并不追求最终能有一个爆炸性的结果，就是想凑凑热闹，但是，你无法否认，在你凑热闹的时候，你的内心或多或少总有一些期盼，甚至有一些侥幸心理。所以，既然如此，最好还是认真对待，让你的心有更多的期盼，因为，生活中有一些期待，那种感觉真的不错。

这种活动，有一个弊端，就是很有诱惑性，就像赌博一样，尤其对于那些意志力不够坚定的人来说，稍不注意，就会投入大笔的钱。所以，事先给自己设定一个底线，最多只能投入多少资金。因为，这只是一个游戏，为生活增添一些新鲜元素和别样的乐趣的一种游戏。

有可能的话，召集你的亲人或者朋友和你一起关注这个活动，让他们分享你期待的心情，也许他们还会帮你出出主意。最重要的是，众人的力量会给你更多的勇气，让你的心不至于跳得那么猛烈，还有，大家一起参与会有更多的快乐。

12月

点亮智慧，磨炼自身

　　一个人的处世之道是从一个个人生历练，一个个磨难中锻炼出来的。每个人走的路不同，也许处世之道便不一样。但人之为人，总有一些共同的道德准则和公认的优良品质标准，而这些常常被我们奉为为人之经典和绝学。

　　一个人的出身、资质虽然重要，但是，为人处世之道也可能会决定人一生的命运。掌握一套适合自己、适应社会的处世哲学，是决定人生成败的决定因素之一。

12月　点亮智慧，磨炼自身

做一份本月的计划书

> 做一个有计划的人，有行动力的人，才能成为一个有收获的人，一个脱离了低级趣味的人，一个真正会生活的人。

新的一个月又开始了，这是一年最后的一个月了，是否有点遗憾，前面的生活过得有点杂乱无章？那么，在这个月的第一天，为这个月的生活做一份计划书吧。

首先，你得明确你做这份计划书的目的是什么，这个月结束的时候，你要实现一个怎样的目标，或者完成一个怎样的心愿，对于你自身来讲，要有一个怎样的提高或者突破。

其次，你要对你这个月的活动进行一下部署，倒不用事无巨细地列出每天所要做的事，你不可能面面俱到，否则，一不小心，就会让你钻进一些细枝末节中去，而忽略了全局。所以，最好的办法是，分阶段分层次地分解你的目标，比如，以旬为时间单位，将一个月分为3个10天，在这3个阶段，你分别都要做些什么事。

别忘了，这是一年的最后一个月，所以，你得做点总结性的工作。比如，这一年中你还留有什么遗憾，一一列举出来，看看能否在这最后一个月的时间内一一完成。也许你不能如愿以偿，但至少在你的计划书应该有所体现，最好想出好的策略，能弥补这些遗憾。

用幽默来自我解嘲

> 人人都会遭遇尴尬，面红耳赤是我们常有的难堪，别忘了，幽默能帮我们把眼前的障碍化解为无形，自我解嘲是一门艺术。

幽默一直被人们称为是只有聪明人才能驾驭的语言艺术，而自嘲又被称为幽默的最高境界。由此可见，能自嘲的必须是智者中的智者，高手中的高手。自嘲是缺乏自信者不敢使用的技术，因为它要你自己骂自己。也就是要拿自身的失误、不足甚至生理缺陷来"开涮"，对不能启齿之处不予遮掩、躲避，反而把它放大、夸张、剖析，然后巧妙地引申发挥，自圆其说，取得一笑。没有豁达、乐观、超脱、调侃的心态和胸怀，是无法做到的。自嘲谁也不伤害，最为安全。你可用它来活跃谈话气氛，消除紧张；在尴尬中为自己找台阶，保住面子；在公共场合获得别人的好感；在特别情形下含沙射影，刺一刺无理取闹的小人。

适时适度地自嘲，不失为一种良好修养，一种充满活力的交际技巧。自嘲，能制造宽松和谐的交谈气氛，能使自己活得轻松洒脱，使人感到你的可爱和人情味，有时还能更有效地维护面子，建立起新的心理平衡。

放弃自以为是，虚心接纳别人的观点

> 我们是否像一个注满水的杯子，容不下其他的东西，也不愿意接受他人的意见？学会把自己的意念先放下来，以虚心的态度倾听和接纳，你会发现大师就在眼前。

有句话说得好，聪明的人知道自己的愚昧，而愚昧的人则以为自己聪明。海纳百川，有容乃大。人只有虚怀若谷，才能知道自己的不足，看到别人的长处，才能善于吸纳，善于自我改进，才能领悟到人生的更高境界。否则，

12月　点亮智慧，磨炼自身

永远都只能生活在自我的狭小空间里，犹如坐井观天，其结果只能是被世界遗忘。

有这样一个故事，有个自以为是的暴发户，去拜访一位大师，去请教如何修身养性。但是一开始，这个人就滔滔不绝地说话，大师在旁边一句话也说不上，于是只好不停地往他茶杯中加水，茶杯中的水已经满了，大师依然在继续加水，这人见了，急忙说："水已经满了，为什么还要继续倒呢？"这时大师看着他，徐徐说道："你就像这杯子，已经被自我装满了，如不先倒空自己，如何能悟道？"

检查一下你心中的那个杯子，是否也被自我装满了？不要学那个暴发户，记住这位大师的话，先倒空自己，再去认真听取别人的意见。用谦逊的态度去聆听，你会听到不一样的声音。

把别人扔过来的"球"踢回去

> 当面对别人狡辩的时候，你无须着急，也不用生气，只需学着对方的方法，把他的"球"踢回去就行了。

无理之人的狡辩的确恼人，但是如果此时你恼羞成怒，气急败坏，那么你就输了，中了别人的招。聪明的人要学会智慧地应对，沉着冷静，把别人"踢"给你的"球"硬生生地又给他"踢回去"，让别人也尝尝自己亲手种的"果子"。

这需要智慧，智慧需要冷静的头脑，所以，当面对某人的冒犯，你不要急着还击，冲动会令你头脑发昏，甚至变成最笨的人。此时你不如先稳定一下情绪，用一种最平和的态度，甚至最温柔的声音，说出最让人哑口无言的话语。比如，某件事很难，你做得不好，这是人之常情，但是对方却用瞧不起的眼神骂你是笨蛋。面对这种羞辱，你完全不用气恼，就顺着他的话，说一句："你聪明，那你来做吧。"事实上，他可能做得更加惨不忍睹，但是他无法推托。瞧，这不就把对方踢给你的"球"又踢回去了吗？

这只是一个简单的例子，具体的事情还需要你具体分析，具体地来面对。相信，只要你保持冷静的头脑，稍用智慧，就会踢出一个漂亮的"球"。

用智慧赢得尊严

> 人人都有尊严，自尊让我们挺起胸脯，抬起头来做人，自尊让我们感受到自身的存在和价值。然而，自尊的维护并不一定要靠鱼死网破来维护，友善更是一种为人处世的智慧。

人人都有尊严，人人都需要维护自己的尊严，但由于方法不同，效果就会有天壤之别。是用善良的微笑来维护尊严，还是依靠你死我活的决斗维护尊严？起决定作用的似乎不是物质财富的多少和文化水平的高低而是心灵的选择，是善良宽容还是自私狭隘。

在维护尊严的一刻，想想你得到的是忍俊不禁的笑容，还是血淋淋的代价。

生活是一面镜子，当你面带友善走向镜子时，你会发现，镜中的那个人也正满怀善意地向你微笑；当你以粗暴的态度面对它时，你会发现，镜中的那人也正向你挥舞着拳头。人生在世，都看重自己的尊严，但请用一颗友爱之心，一份友善之情来维护它吧！

友善是什么呢？友善是天空，包容天地间的万物；友善是氧气，孕育新的生命；友善是阳光，是雨露，照耀、滋润着美德的生成。

温和待人、自我省察和友善相处，才能真正维护好自己的尊严。

婉转曲折地表达你的意见

> "忠言不必逆耳，良药不必苦口"，在人际交往中，要学会像螺丝钉一样婉转曲折地表达自己的意见和建议。

有人会说，我嘴笨，不会绕着弯子说话。其实只要你有一颗善良的心，

12月　点亮智慧，磨炼自身

一颗友爱的心，只需换个口气，像自我批评那样理解对方的疏漏和错误，从帮助对方、拯救对方的角度出发，而不是批评与指责，相信每个人都会很乐意自我改善走向"完美"。

其实，你就是换一种表达方式，本质内容还是一样的，是要让对方明白你的意思。只是，你的出发点发生了一些改变，你不是指责他做错了事，也不是在揭对方的伤疤，如果那真的是一块伤疤，那你就是一名负责任的医生，用你的善心为病人疗伤。

这可能需要你多花点心思，你不能随心所欲，口不择言地就表达你的意思，你必须事先想到你此言一出，对方会有什么样的心理反应。

所以，你应在内心深思熟虑，让自己站在对方的角度，尝试着去听听你想说的那些话，你能接受吗？

当然，这不是让你一味卖乖，做一个老好人。有意见也不发表，那并不是真正的朋友。无论你选择什么样的语言，采用什么样的表达方式，你内心真正的意思一定要表达出来，只要你有心，相信你一定能做到。

从自己身上找找做人失败的原因

> 自己犯下的错误应想方设法地去弥补，不要把希望寄托在别人身上，别人没有理由和责任为你分担。

愿意帮助别人，并在需要的时候希望自己得到别人的帮助，可以说是人之常情；而有时候，偏偏会让你感觉到人情冷暖，甚至是世态炎凉，你是不是又开始哀叹、抱怨、恼恨？其实何必去怪别人，怨老天呢？这样真的于事无补，真正豁达睿智的人，善于从自己身上找原因，不会一味抱怨别人。

正如智者所言，帮助别人是发自内心深处的善意和热情，而不是为了日后自己的方便，只有这样，才能赢得真正的友谊，也才能赢得为人处世的豁达和睿智。

当遭到冷遇时，不要一味埋怨别人，这样做也无济于事。想想看，是不是自己哪里做得不好，或是以前你就犯了一个错误？那么今天，就从自己身上找找做人失败的原因，为我们日后找到更好的行为准则。

从今天开始每天存一元钱

> 生命是一种长期而持续的累积过程，很少会因为单一的事件而有剧烈的起伏。

每个人都应该看过书，那有没有想过书本的厚度？一本书是由一张一张的纸累积起来的，但是，一张纸又能有多厚呢？一张一张的纸积累起来就是一本书，一本一本地积累起来就可以"汗牛充栋"。所以，不要忽略生活中的点滴累积，日积月累，它会让你有惊人的收获。

人活在这个世界上，学习、工作、生活，乃至生命就像跑步一样，是一个不断积累和进步的过程。有的人浅尝辄止，有的人畏首畏尾，有的人半途而废，有的人根本不屑"一分一毫地累积"这样的小事，而是向大事进攻。这些人忘记了"不积跬步，无以至千里；不积小流，无以成江海"的道理，他们的人生谈不上成功。

一个工作"认真"做了5年，没有什么显著成效；再"认真"做5年，就有一些经验，并形成一定的技能、技巧；继续"认真"做5年，就形成自己的风格，并初步形成思想、观念；再继续"认真"做5年，就形成自己独特成熟的思想、观念和理性精神，并收获人生真谛。这时候，他的人生就达到了较高的境界。但他仍然积累着、学习着、思考着，不仅仅是为了明天的工作，更是为了丰富自己的知识、开阔自己的视野、升华自己的境界，不断提高自身的素质，活出生命的意义。

累积，请从生活中的小事做起，从今天开始，每天存一元钱，不要小看这一元钱，若干年后，它会让你有一笔收获。准备一个储钱罐，每天存一元钱，存到某天，用这些钱去银行开一个户。然后继续存。终有一天，

> 12 月　点亮智慧，磨炼自身

你会为今天开始存的这一元钱而感叹不已！

反复地练习某项技能

> 专长可能是与生俱来的某些能力，但后天的勤奋练习，却是成就天才的必要武器。

这项技能不一定非得是你擅长的，你可能不具备这方面的天赋，但是爱好可以成为你最好的老师。如果你喜欢，并愿意付出，那么，没有别的更好的办法，勤加练习，终有一天，它会成为你的专长。

当然，你得首先掌握练习的方法和技巧，所以，找一个懂行的老师指点一下是非常必要的，有时候，还会起到事半功倍的作用。向你的朋友打听一下，看看谁认识这方面的老师，或许，你的朋友中就有一位。

牢记老师的指导意见，如果你是初学者，尤其要掌握入门的技巧。这时候，一位好的老师会带你轻松入门，当然，也需要你用心地学习，有那么一点点的领悟力。

如果一开始有那么一点摸不着头脑，也不要着急，不要气馁，要相信自己，万事开头难，虚心向老师请教，并请他原谅你的"笨拙"，用你的耐心感动老师。

掌握技巧后，剩下的就是考验你的毅力和意志的时候了，反复地练习，可能有点枯燥，还会生出一些厌烦情绪，当初的兴趣可能会逐渐减退。当娱乐变成一种强加的学习之后，往往会将人的兴趣赶跑。

那么，不如放轻松一些，调整一下心态，如果累了，一时找不到感觉了，就先休息一下，等情绪稳定了，再继续练习。看着自己一点一点地进步，你会找到学习的兴趣的。

一年应该用心去做的事

为自己起草一份行为准则

> 不要因为没有一双监督的眼睛看着你，就让自己变得随心所欲、任意妄为，自己给自己一点约束和要求，让不听话的你变得规矩起来。

有的朋友可能会说，现在上有党纪、国法，下有地方和单位的各项法规及规章制度，已经够约束的了，个人还有什么必要制定行为准则呢？这岂不是多此一举吗？此话差矣。上边这些东西很有必要，个人的行为准则更是不可缺少的，而且具有极其特殊的重要作用。

个人的行为准则如此重要，那么应当包括哪些内容呢？当然，这是因人而异的，不可能每个人都制定出同样的条条款款，这与个人性格特点有关。但总的来说，大多从以下3个方面来着手：

一是思想行为上的准则。比如，树立正确的人生观、世界观、价值观的问题，确定为谁而活和怎样活得有意义。

二是日常生活行为上的准则。比如，如何确定自己应该吃什么、喝什么、穿什么，不应该吃什么、喝什么、穿什么；如何吃、什么时间吃；每天什么时间上床睡觉，什么时候起床；应该如何锻炼，怎样才能有利于健康长寿。

三是公共道德行为上的准则。比如，如何做到尊老爱幼，怎样与人为善，爱护别人、帮助别人、支持别人，多给别人提供方便，不给别人增添麻烦，怎样多为单位多为社会增添光彩，少添乱和不添乱，还有，像如何管住自己的口、管住自己的手、管住自己的腿、管住工作8小时以外的业余生活，等等都是。

总之，对自己的所有的不良行为，如何做到可控能控，不能被不良行为的冲动牵着鼻子走，这并不是所有的人都能够认真地把握得好的。这的的确确需要我们每个人根据个人情况来作出各种决定，而不是束手无策，被动地活着。

12月　点亮智慧，磨炼自身

把一直有疑惑的问题弄清楚

> 君子之学必好问。问与学，相辅而行者也，非学无以致疑，非问无以广识。

你为什么要把这个疑惑一直留在心里，是因为懒惰，还是因为找不到答案，抑或，你不懂装懂？不管什么原因，你今天的目标就是，不把这个疑惑解开就不罢休。

如果是因为懒惰，那么太容易了，勤快一点吧，也许你只需要翻翻字典就可以找到这个答案；也许你只要静下心来冷静地想一想就能豁然开朗；也许你只需要请教某个人就能茅塞顿开。

如果你曾经试图解惑，但失败了。是什么原因导致你的失败呢？这个问题你得弄清楚，在你寻找答案的征程中，遇到了怎样的困难，你为什么没有克服，还是你屈服了，根本就没有付出努力去克服？

找到克服这个困难的办法，相信只要你有心，你一定能找到办法，并一鼓作气，找到这个问题的答案。

如果你是不懂装懂，那就太不应该了，说不定哪天就露馅了，这样会让你更觉得丢人。

所以，放弃所谓的面子，相信你装懂的缘故也是为了掩饰你所谓的无知。可想而知，你装懂，是因为你的周围有很多人都知道这个答案，你害怕让别人知道，你竟然连众所周知的问题都不明白。

罢了，今天就放下这该死的虚荣吧，大方而谦逊地问其中的一个人，他必定会很诚恳地告诉你答案。如果有人嘲笑你，不要理他，转身去问另一个人，只要你肯问，就一定会找到答案。

把自己当傻瓜，不懂就问

> 好问的人，只做了5分钟的愚人，耻于发问的人，终身为愚人。

你相不相信，你每天都会遇到一些你不懂的问题。很多时候，一些问题只是在头脑里一闪而过，你还来不及去捕捉，就已经用你的懒惰或虚荣将它湮灭。改变你的这种习惯，今天就把自己当作傻瓜，遇到任何不懂的问题，都立刻提问。

如果当问题产生时，你一时间找不到可以问的人，或者问了很多人都没有找到答案，那么，不要泄气，把这个问题记下来。如果你对你的记忆很有自信的话，用你的心记，或者，干脆记在你的备忘录里，把它列在今天的计划里。

不要忘了你还有一个问题没有找到答案，在你做任何事的时候都要时时提醒自己。

也许你觉得这个问题太幼稚，不好意思开口，别忘了，今天你就是一个傻瓜，傻瓜还害怕别人的耻笑吗？不懂装懂才是最大的耻辱！

如果这个问题重大，你好不容易找到了答案，请把它记下来，作为你的知识库存，不要让它某天一不留神，又在你的大脑里画下一个大大的问号。

向不如自己的人学习

> 见到学者，我们敬畏知识，见到官者，我们敬畏权力，见到不如自己的人，我们往往目中无人。而人生智慧告诉我们，最善于学习的人是向不如自己的人学习。能在自认为不如自己的人身上学到超过自己水平的本领，是一种非凡的智慧。

所谓某人不如自己，那肯定只是在某一方面，只不过这一方面恰好被所有人所关注罢了，那是你的幸运。每个人都有自己的长处和短处，也许

12 月　点亮智慧，磨炼自身

你恰恰是用你自己的长处和别人的短处做了比较，仔细看看，别人也有他的长处，而这方面，可能恰好是你的弱点。

向不如自己的人学习，需要有说服自己的勇气。也许你自己一直就有些不屑：难道我还需要向他学习吗？是的，你需要，难道你不想让自己变得更完美吗？同时，你还需要有顶住压力的精神，也许所有人都会觉得你的奇怪，甚至会冷嘲热讽，以为你精神失常，不要理会这些愚蠢的眼光，做你自己该做的。

也许，当事人本身也会觉得意外，他自己的优点也许自己都没有发现，因为他已经习惯了众人的不屑一顾，甚至冷嘲热讽。那么，你的不耻下问还会给他送去鼓舞，送去自信，送去希望，让他对自己，对人生会有一个新的认识。在你学习的同时，还给别人带去了希望，何乐而不为呢？

检查一下月计划书的完成情况

要想善始善终，就应该在目的地及时检查计划完成的情况，这才是做计划应该有的态度。

一个月又要结束了，还记得本月第一天所做的计划书吧！还记得你都做过一些什么样的工作和生活安排吗？都一一履行并完成了吗？记不太清楚了吗？那么把那本计划书拿出来对照一下吧。

首先第一条，你的计划书的目的是什么？你达到了吗？这应该是你这个月的根本，如果连这个根本都失去了，那你这个计划书可是白做了啊！

这个月计划要完成的几件事已经完成了几件？完成的质量都如何？是否都达到了预期的效果？还有什么遗漏？为什么会出现这些遗漏？还有哪些事还没来得及开始做？为什么会把这些事漏下，是因为时间来不及或其他客观因素，还是你自身的主观因素？

如果这个月重来一次，你觉得你会在哪些方面改进？你对你自己所做的这个计划书有什么感想？计划与现实的差距，在于计划书本身的不完善，还是你自身努力不够，还是当初你对自己的认识和估量不够充分？

一年应该用心去做的事

哪些事是完全按照计划来完成的，从开始实施到最后结束，每一个步骤都是依计划行动？哪些事虽然完成了，但是与计划有出入，是哪些环节发生了改变，你是怎样对你的计划作出调整的？

最后，纵观整个计划书，以及你这个月的收获与失落，你有什么样的感想？在一天结束的时候，当夜深人静的时候，让你的思绪翱翔，写下你对这个月的心得体会，为你这个月的生活留下一份总结书。

在日记里写下这一年的收获

> 一分耕耘，一分收获，收获的是果实，也是希望，收获的地方，是终点也是起点。回头看看来时的路，是为了前方的路走得更好。

一年又过去了，岁月又往前推移了一年，这是你人生的第几个年头？无论年长年少，相信每个人心中都会有一些感悟，细细想来，你都有些什么收获？

拿出你的日记本，如果你平时没有记日记的习惯，那准备一个好的日记本，可不要随便找一张纸来应付，也不要随手拿来一个本子就用。

在执笔之前，打开你记忆的大门，让你的思绪回到年初，一月一月，一天一天往后推移，看看哪些事让你记忆深刻，为你的人生留下了永恒的记忆。相信总有这样一些事让你难忘，如果没有，那你的人生未免有些苍白，或许并不是没有，而是你不善于去记忆。所以，努力回忆一下，在日记本里记下这些事。如果你平时有记日记的习惯，那太好了，打开你的日记本，翻看每一篇日记，那里面一定记录着你生命中最重要的感悟。

总结一下，这一年中让你觉得最快乐的事情是什么？最痛苦的事情又是什么？对你的人生最重要的事情是什么？在这一年中，有没有什么事让你的生活发生了一些改变，并可能改变你的整个人生？

收获不仅仅是快乐，也包括痛苦，很多事在你的生命中发生都是为了让你成长，让你更懂得生活的本质，更清楚地明白你自己，一句话，是为了让你以后更好的生活。所以，无论你的生命里发生过什么，都不要怨天尤人，相信老天爷的安排自有它的道理。

扫码获取更多资源

扫码获取更多资源